ARENA BIBLIOTHEK DES WISSENS

AKTUELL

W0041732

Für Sarah, Suzan und Nail

Ruth Omphalius, geboren 1963, hat in Frankfurt Germanistik, Kunstgeschichte, Kunstpädagogik, Theater-, Film- und Fernsehwissenschaften studiert. Seit 1997 arbeitet sie als Redakteurin für Geschichte und Gesellschaft beim ZDF in Mainz. Ruth Omphalius ist Autorin erfolgreicher Sachbücher wie *„Der Planet des Lebens"* (1997) oder *„Der Neandertaler"* (2006). Sie ist Mutter einer Tochter.

Monika Azakli, geboren 1962, hat in Mainz Islamkunde, Islamphilologie und Publizistik studiert. Seit 1993 ist sie als Mediendokumentarin im Bereich Archiv Bibliothek und Dokumentation beim ZDF beschäftigt und Expertin für Recherchen. Sie hat zwei Kinder.

Heidrun Boddin wurde 1958 in Wustrow an der Ostsee geboren. Sie studierte Kommunikationsdesign in Berlin und arbeitet heute als freiberufliche Illustratorin und Dozentin für Illustration in Hamburg.

Ruth Omphalius · Monika Azakli

Klimawandel

Arena

Inhalt

Einleitung: Was kümmert mich das Klima?   5

Wetter oder Klima?   8

Immer dasselbe Klima?   18

Die Wettermaschine   36

Klima im Wandel?   50

Wie konnte es so weit kommen?   65

Alles kaputt!?   82

Politik und Klima   106

Notbremse   122

Glossar   142

Einleitung: Was kümmert mich das Klima?

Klimakatastrophe – was soll das denn sein? Ist doch schön, wenn es hier in Deutschland wärmer wird. Da kann man das ganze Jahr über am Baggersee bräunen und, wenn man will, im eigenen Garten leckere Feigen und Orangen anbauen.

Immer diese ganzen Horrormeldungen über Tornados in Amerika und Flutkatastrophen in Asien. Die gibt's doch bestimmt schon immer. Wie soll sich denn bitte auf der anderen Seite der Erde das Wetter ändern, wenn ich hier mal vergesse, das Licht auszumachen?

Wieso soll ich mich überhaupt mit dem Kram beschäftigen? Das Wetter macht sowieso, was es will. Auf die Wettervorhersage im Fernsehen kann man sich ja nicht mal verlassen, wenn es um die nächsten Tage geht. Wie wollen die Wissenschaftler denn da eine Vorhersage für die nächsten Jahre machen – oder sogar Jahrzehnte?

Tatsächlich ist es nicht möglich vorherzusagen, wie sich das Klima entwickeln wird. Dafür sind die Vorgänge auf unserem Planeten viel zu komplex. Eines wissen wir aber: Auch kleine Ursachen können gigantische Wirkungen haben. Edward N. Lorenz, ein berühmter Meteorologe, wies das 1963 sogar mathematisch nach und fasste seine Erkenntnisse in einem schönen Vergleich zusammen: „Der Flügelschlag eines Schmetterlings im Amazonas-Urwald kann einen Orkan in Europa auslösen."

Der sogenannte „Schmetterlingseffekt" wird heute häufig zitiert, wenn es darum geht, die Auswirkungen abzuschätzen, die selbst kleinste Eingriffe des Menschen in die Natur bewirken können. In vielen Fällen wird man natürlich erst im Nachhinein herausfinden, welche Veränderungen sich wie ausgewirkt haben, aber es lohnt sich auf jeden Fall, mehr da-rüber zu erfahren, wie die Erde funktioniert und welche Folgen unser Handeln mit einiger Wahrscheinlichkeit auf das Weltklima haben könnte. Nur so ist ein verantwortungsbewusstes Leben auf unserem blauen Heimatplaneten überhaupt möglich.

Klimakatastrophe kommt

69 Prozent der Deutschen erwarten Klimakatastrophe

In der Todeszone des Klimawandels

Zwischen Treibhausklima und neuer Eiszeit

Immer schnellerer Klimawandel

Klima auf Messers Schneide

In Europa spielt das Wetter verrückt

Schicksalsfrage Klimaschutz

Eisbären müssen weinen Arktisches Eis schmilzt

Forscher fürchten Verlust kompletter Klimazonen

Klimawandel: Der letzte Zweifel schmilzt

Flutkatastrophe in Afrika

Lässt sich die Klima-Zeitbombe entschärfen?

Klima fährt Achterbahn

Wetter oder Klima?

Der Wetterbericht verspricht Schnee zu Weihnachten, aber das Klima wird wärmer. Wie passt das zusammen? Dass das Wetter mit Sonnenschein, Gewitterfronten, Niederschlag und Wind zu tun hat, weiß jeder aus dem abendlichen Wetterbericht. Viele Menschen verfolgen täglich gespannt, ob gerade ein Hoch[*] oder ein Tief[*] über den Atlantik zieht und mit welchen Temperaturen am folgenden Tag zu rechnen ist. Oft ist auch von Klima, klimatischen Bedingungen oder klimatischen Schwankungen die Rede. Aber was ist eigentlich genau unter Wetter und was unter dem Begriff Klima zu verstehen? Gibt es überhaupt einen Unterschied zwischen beiden?

Im Lexikon kann man den Begriff „Wetter" nachschlagen und findet als Definition: Wetter ist „der physikalische Zustand der Atmosphäre zu einem bestimmten Zeitpunkt an einem bestimmten Ort". Manchmal wird auch noch ergänzt, dieser Zustand sei „durch die meteorologischen Elemente und ihr Zusammenwirken gekennzeichnet".

Diese Erklärung ist aber mindestens genauso rätselhaft wie die Ausgangsfragen. Erst wenn man ein konkretes Wetterbeispiel konstruiert, wird deutlich, was gemeint ist:

„Zu einem bestimmten Zeitpunkt an einem bestimmten Ort" könnte sich auf „heute" und „Frankfurt am Main" beziehen. „In der Atmosphäre" ist schon schwerer zu verstehen. Die Atmosphäre[*] ist eine Hülle aus Gasen, die den gesamten Erdball umschließt. Sie beeinflusst alles Leben auf der Welt schon allein dadurch, dass sich in diesem Gasgemisch sowohl der Sauerstoff befindet, den wir atmen, als auch Stoffe wie Kohlendioxid und Methan, die die Wärmeregulierung der Erde beeinflussen.

Obwohl die Athmosphäre mehrere hundert Kilometer dick ist, findet nur in den ersten 10–12 Kilometern von der Erdoberfläche aus betrachtet der physikalische Zustand statt, den wir Wetter nennen. Diese unterste Schicht der Atmosphäre nennt man deshalb auch *Wetterschicht[*]* oder *Troposphäre.*

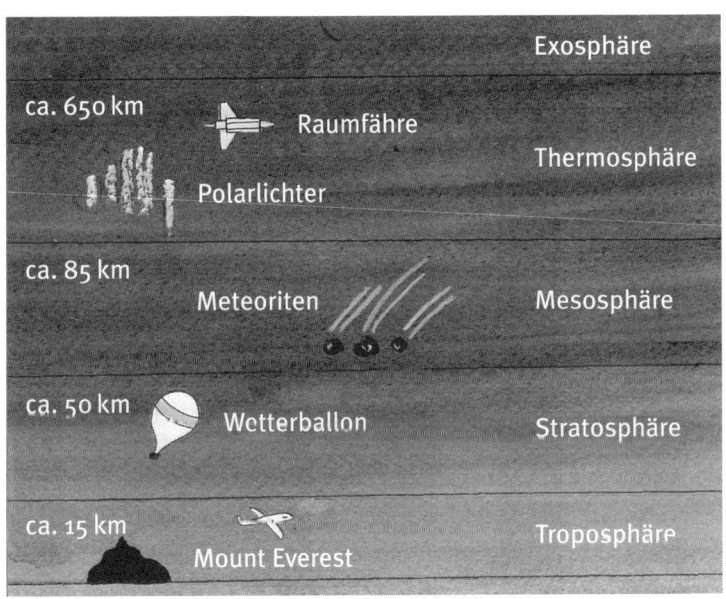

Exosphäre

ca. 650 km

Raumfähre

Thermosphäre

Polarlichter

ca. 85 km

Meteoriten

Mesosphäre

ca. 50 km

Wetterballon

Stratosphäre

ca. 15 km

Mount Everest

Troposphäre

Die unterste Schicht der Atmosphäre direkt über der Erdoberfläche heißt **Troposphäre**. Sie ist nur zwischen sieben
und siebzehn Kilometer dick, aber ihre warme, sauerstoff-
reiche Luft macht das Leben auf unserem Planeten überhaupt erst möglich. Hier wachsen Pflanzen, leben Tiere und
Menschen. Auch das Wetter findet in dieser Schicht statt
mit allen Wolken, Stürmen und Gewittern.

Um die Troposphäre schmiegt sich die nächste Lage der
Atmosphäre. Die Luft ist sehr trocken und es gibt hier kein
Wetter. Diesen Bereich nennt man **Stratosphäre**. Hier
befindet sich das Ozon, das die Erde von der schädlichen
radioaktiven Strahlung der Sonne abschirmt.

In etwa 50 Kilometern Höhe beginnt die **Mesosphäre**. Sie
ist der Schutzschild gegen Meteoriten, die hier normalerweise verglühen und daher nicht auf die Oberfläche der
Erde gelangen.

Ab etwa 85 Kilometern Höhe beginnt die **Thermosphäre,**
die in Höhen von 500 bis 650 Kilometern über dem Erdboden reicht. In der Thermosphäre kreist die Internationale
Raumstation ISS in ihrer Umlaufbahn um die Erde und Polarlichter erhellen den Himmel über den Polen. Die Thermosphäre geht schließlich fließend in die letzte Hülle der Erdatmosphäre über, die Exosphäre.

Die **Exosphäre** reicht bis weit in den Weltraum hinein. Noch
in 10 000 Kilometern Entfernung kann man Teilchen nachweisen, die letztlich zur Erdatmosphäre gehören. Allerdings

sind es im Vergleich zu den erdnahen Bereichen nur sehr wenige Moleküle, die weit verstreut umherschweben. Um in der Wissenschaft trotzdem eine einheitliche und möglichst exakte Vorstellung davon zu haben, wo die Erdatmosphäre aufhört, haben Forscher die Grenze zum Weltraum bei 100 Kilometern Höhe festgelegt. Das heißt, ein Großteil der Thermosphäre und die gesamte Exosphäre gehören, obgleich sie Teile der Erdatmosphäre sind, eigentlich schon zum Weltall.

Nun bleibt noch der „physikalische Zustand" zu erklären. Physik nennt man die Lehre von den „unbelebten Dingen der Natur". Sie ist eine sogenannte exakte Wissenschaft, weil man es in der Regel mit Forschungsgegenständen zu tun hat, die man messen, wiegen oder auf sonstige Weise exakt bestimmen kann.

Wetter ist also zum Beispiel ein Zustand 10–15 Kilometer über Frankfurt, den man für heute mit physikalischen Messmethoden exakt bestimmen kann. Messen und beschreiben kann man die oben genannten meteorologischen Elemente, hinter denen sich nichts anderes verbirgt als Luftdruck, Lufttemperatur, Luftfeuchte und Luftbewegung, also Wind. Ihr Zusammenspiel an einem bestimmten Ort zu einer bestimmten Zeit nennt man Wetter.

Nun könnte man allerdings auch das Wetter an einem anderen Ort betrachten oder eine andere Zeit wählen, wie etwa das Wetter gestern um Viertel vor zwölf auf der Zugspitze. Auch was sich in der Wetterschicht zu dieser Zeit über dem höchsten Berg Deutschlands abgespielt hat, nennt man Wetter. Oder die Situation während der nächsten drei Tage über Schleswig-Holstein. Wetter kann also über einem einzelnen Ort wie einem Berggipfel genauso stattfinden wie über einer größeren Fläche, es kann einen Augenblick andauern oder auch mehrere Tage. Wichtig ist, dass das Wetter zeitlich begrenzt an einem bestimmten Ort stattfindet und sich jederzeit ändern kann – ganz im Gegensatz zur *Wetterlage,* zur *Witterung* oder zum *Klima.*

Von *Wetterlage* sprechen die Meteorologen, wenn sie das Wetter in einem größeren Gebiet beschreiben wollen, also zum Beispiel über ganz Deutschland. *Witterung* dagegen heißt das

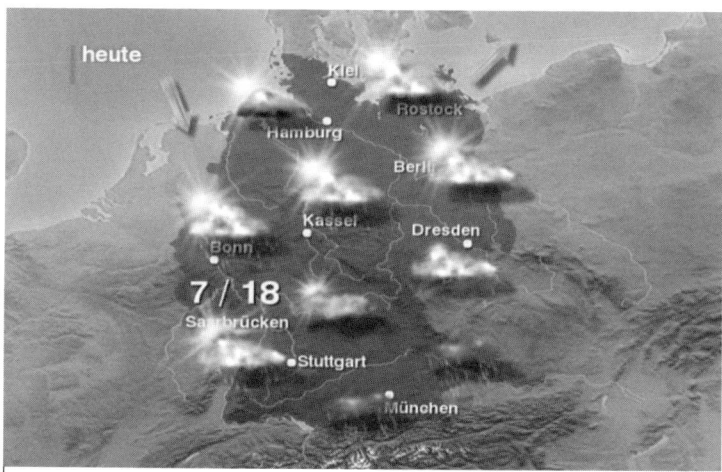

I **Wetterkarte im Fernsehen**

Wetter, das zwar nur über einem bestimmten Ort oder einer Region herrscht, dafür aber über mehrere Tage oder sogar Wochen.

Der Begriff *Klima* beschreibt schließlich für eine größere Region, also zum Beispiel alle Länder, die am Äquator liegen, den typischen jährlichen Ablauf der Witterung. Es geht hier also um viel allgemeinere Vorgänge und Zusammenhänge als einen Regenschauer morgen Abend in Berlin oder einen etwas kälteren Winter als üblich. Deswegen sind Aussagen über das Klima besser zu treffen als über das Wetter für das Wochenende, denn das Wetter an einem einzelnen Ort kann sich aufgrund vieler Faktoren ganz schnell ändern. Das Klima dagegen ist von langfristig wirkenden Elementen bestimmt. Zum Beispiel gibt es in Europa die vier Jahreszeiten Frühling, Sommer, Herbst und Winter, in Indonesien dagegen wird das Jahr von Regenzeiten und Trockenzeiten strukturiert. Europa und Indonesien haben ein deutlich unterschiedliches Klima.

Das Klima einer Region hängt von vielen Faktoren ab. Am wichtigsten ist allerdings, wie viel Sonnenschein ein Gebiet bekommt. Und das wiederum hängt davon ab, wo auf der Erdoberfläche sich die betreffende Region befindet. Je nachdem, ob sie näher an den Polen oder näher am Äquator liegt, trifft das Sonnenlicht in einem anderen Winkel auf. Je steiler der Winkel, desto heißer die Region. Und weil dieser Winkel eine so zentrale Bedeutung hat, wurde das ganze Phänomen nach ihm benannt. Denn das ursprünglich griechische Wort *klíma* bedeutet nichts anderes als „Neigung".

Die Teile der Erde, die nördlich und südlich des Äquators liegen, werden am intensivsten von der Sonne beschienen. Die Strahlen treffen hier fast im rechten Winkel auf die Erde auf. Zu den Polen hin nimmt die Stärke der Einstrahlung ab, der Einfallswinkel der Sonnenstrahlen wird kleiner. Wissenschaftler nennen Gebiete rund um den Planeten, die ungefähr gleich starke Sonneneinstrahlung erhalten und daher ein ähnliches

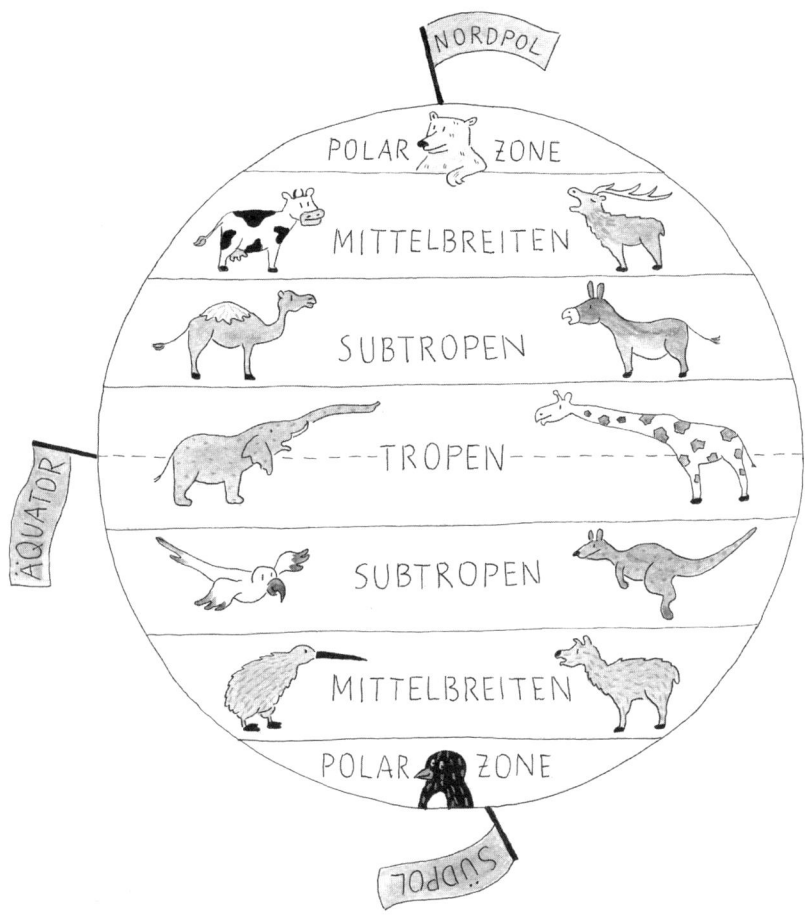

Klima aufweisen, *Klimazonen*. Diese Zonen ziehen sich wie breite Gürtel um den Globus. Sie heißen Tropen, Subtropen, Mittelbreiten und Polarzone.

Nördlich und südlich des Äquators liegen die *Tropen*. Hier ist es wegen der starken Sonneneinstrahlung besonders heiß. Im Jahresablauf gibt es kaum Veränderungen.

An die Tropen, zu denen große Teile Afrikas, Asiens, Mittel- und Südamerikas sowie der nördlichste Zipfel Australiens gehören, schließen sich im Norden und Süden die *Subtropen* an. Hier sind bereits deutliche Temperaturunterschiede zwischen Sommer und Winter messbar.

Bewegt man sich weiter in Richtung der beiden Pole, erreicht man die sogenannten *Mittelbreiten*. Hier kann man die vier Jahreszeiten Frühling, Sommer, Herbst und Winter klar voneinander unterscheiden. Im Bereich der Mittelbreiten liegen Europa, Nordamerika und Zentralasien.

Die Gebiete direkt um die Pole herum nennt man *Polarzone*. Hier sind die jahreszeitlichen Schwankungen am extremsten. Während die Sonne im Sommer den ganzen Tag über scheint, bleibt es im Winter völlig dunkel. Man spricht von Polarnacht und Polartag.

Das Klima hängt in entscheidendem Maß von der Stärke der Sonneneinstrahlung ab. Es gibt allerdings auch noch andere Faktoren, die eine wichtige Rolle spielen können, wenn man nicht eine ganze Klimazone, sondern einen Teilbereich betrachtet. Beispielsweise ist es auf hohen Bergen deutlich kälter als in der Ebene. Das Klima in einer hochgelegenen Gebirgsregion

I Tibet ist das höchstgelegene Land der Erde.

wie Tibet, das auf durchschnittlich 4500 Meter Höhe liegt, unterscheidet sich dramatisch von dem in Regionen, die zwar in der gleichen Klimazone, aber eher auf Höhe des Meeresspiegels liegen.

Überhaupt ist die Beschaffenheit der Oberfläche im Einzelfall von großer Bedeutung. An Berghängen verlieren Regenwolken ihren Niederschlag, über Wasserflächen verdunstet Wasser. Die Nähe zu einem Ozean oder Meer spielt eine große Rolle. Das Meer transportiert Wärme, daher herrscht in Meeresnähe oft ein wärmeres Klima als im Inland. Viele Küstenstreifen sind allerdings auch von Stürmen geplagt, die ihren Ursprung weit draußen auf den Ozeanen haben. Die Verteilung von Wasser bestimmt in hohem Maße das Klima einer Region.

Schließlich beeinflussen auch wir Lebewesen das Klima auf unserem Planeten. Alle Pflanzen und Tiere, sogar die winzigen Bakterien, sondern Stoffe ab, die sich auf das Klima auswirken. Der Mensch tut dies ganz besonders stark, weil er anders als alle anderen Lebewesen eine Kultur entwickelt hat. Er benötigt Energie nicht nur zum Überleben, also um Nahrung und Wärme bereitzustellen, sondern für eine ganze Menge Dinge, die wir mit Begriffen wie „Kulturleistung" oder „Lebensstandard" bezeichnen. Gemeint sind zum Beispiel alle Fortbewegungsmittel wie Autos, Motorräder, Bahnen und Flugzeuge, die uns vergleichsweise einfach an weit entfernte Orte bringen. Oder Dinge, die unser Leben angenehmer machen, von der Waschmaschine und dem Staubsauger, die bei der Hausarbeit helfen, bis hin zur Flutlichtbeleuchtung auf dem Fußballplatz oder bei großen Konzerten.

Um solche Mengen an Energie gewinnen zu können, nutzen Menschen alle verfügbaren Energiequellen auf der Erde. Vielleicht wird der Mensch auf diese Weise sogar einen Klimawandel verursachen.

Immer dasselbe Klima?

Angriff der Killerinsekten

Ein ohrenbetäubendes Summen und Brummen liegt in der Luft – wie in einem übergroßen Bienenstock. Ein Kribbeln, Krabbeln und Rascheln mischt sich darunter, aber kein einziger anderer vertrauter Laut, kein Vogelzwitschern, kein Hundegebell, nicht einmal eine entfernte Autohupe.

Armlange Tausendfüßler huschen über den morastigen Grund und verwandeln den Boden in ein verwirrendes, sich immer wieder neu zusammensetzendes Muster. Massen von Wanzen erklimmen die Stängel der großen Bärlappgewächse und saugen Saft aus den fleischigen Blättern. Fluginsekten in der Größe von Singvögeln ziehen ihre Runden am Himmel und erbeuten hin und wieder unvorsichtige Schaben, die auf dem Boden in abgestorbenem Pflanzenmaterial wühlen.

Die ganze Erde ist ein Reich der Insekten. Kein Säugetier und kein Vogel machen den Krabbeltieren ihren Rang als Weltbeherrscher streitig. Die Königin in diesem Reich ist Meganeura, ein riesiges libellenartiges Insekt, das mit seinen bis zu 70 Zentimetern Flügelspannweite als das größte Insckt aller Zeiten gilt. Mit ihrem kraftvollen Flugapparat ist sie ein eleganter Flieger, der seine

Beute in blitzschnellen Manövern angreift. Ihren hoch entwickelten Facettenaugen, den charakteristischen Sehorganen der Insekten, entgeht nicht die kleinste Bewegung.

Eben zieht sie noch scheinbar ungerührt ihre Kreise über dem morastigen Wasser eines kleinen Sees, da stoppt sie abrupt und stürzt sich im Bruchteil einer Sekunde in die Tiefe. Ihr Opfer, ein kleiner Molch, hat nicht den Hauch einer Chance gegen das übermächtige Insekt. Seine Art ist gerade erst dabei, langsam den festen Grund zu erobern.

Auf einem ausladenden Ast verzehrt Meganeura ungerührt ihre zappelnde Beute und kann nicht ahnen, dass sich in der Zukunft die Vorzeichen umkehren und die Amphibien sich zu erfolgreichen Insektenjägern entwickeln werden.

Meganeura (hier nachgebildet) lebte vor 300 Millionen Jahren.

Die Welt der Rieseninsekten

Bei einem Sonntagsspaziergang durch einen solchen morastigen Wald würde wohl jeden das kalte Grausen packen. So was kann es doch gar nicht geben! Alles nur „Science-Fiction"? Nein, einfach eine andere Zeit mit einem anderen Klima! Der oben beschriebene Wald hat vor 300 Millionen Jahren tatsächlich existiert – hier in Europa!

Damals gab es noch keine Säugetiere, Vögel und Blütenpflanzen, die für den Menschen der Gegenwart so selbstverständlich sind, dass man sich eine Natur ohne sie kaum vorstellen kann. Aber all diese komplexen Wesen waren einfach noch nicht entwickelt. Amphibien und frühe Reptilien repräsentierten die Spitze der Vierbeinerevolution. Diese Zeit, die man wissenschaftlich als Karbon bezeichnet, war dafür ein Höhepunkt der Insektenentwicklung. Damals lebten Riesenformen wie nie zuvor und auch später niemals wieder.

Das gewaltigste dieser Monsterinsekten war Meganeura. Als Wissenschaftler in der zweiten Hälfte des 19. Jahrhunderts auf die ersten Fossilien dieses frühen Fliegers stießen, trauten sie ihren Augen nicht. Niemand hätte es je für möglich gehalten, dass ein so großes Insekt tatsächlich leben könnte. Heute bringt es ein brasilianischer Nachtschmetterling gerade mal auf 32 Zentimeter, den längsten Körper hat mit 36 Zentimetern eine asiatische Gespensterschrecke und der schwerste Vertreter der Insektenwelt ist eine Grille, die – allerdings nur wenn sie Nachwuchs erwartet – ein Lebendgewicht von 71 Gramm auf die Waage bringt. Wissenschaftler sind sich einig, dass ein größeres oder schwereres Insekt unter heutigen Bedingungen nicht existieren könnte.

Was war also anders zur Zeit der Rieseninsekten? Die Antwort ist einfach und lässt sich leicht in den Gesteinsschichten nachweisen. Zur Zeit von Meganeura gab es wesentlich mehr Sauerstoff in der Luft als heute. Das Gasgemisch unserer Atmosphäre veränderte im Laufe der Erdgeschichte immer wieder seine Zusammensetzung. Im Karbon machte der Sauerstoff 35 Prozent der Mixtur aus, in anderen Phasen der Erdgeschichte sank der Anteil auf 18 Prozent ab. Solche Schwankungen haben vermutlich zum Aussterben der Rieseninsekten geführt. Heute liegt der Sauerstoffgehalt der Luft bei 21 Prozent – viel zu wenig, um einen Koloss wie Meganeura am Leben zu halten.

Insekten besitzen einen Chitinpanzer, der den ganzen Körper umschließt. Ein Panzer, der das Gewicht eines Rieseninsekts ausreichend stützen kann, müsste sehr dick sein. Das allein ist ab einer bestimmten Größe problematisch, weil wenig Platz für innere Organe bliebe.

Das größte Hindernis für ein Monsterwachstum ist für die Insekten jedoch ihre Atmung. Sie atmen mit sogenannten Tracheen. Das sind starre Röhren, die sich verästeln und den gesamten Körper des Tieres durchziehen. Der Sauerstoff dringt durch kleine Öffnungen im hinteren Bereich des Körpers in das Röhrensystem ein, verteilt sich dort und „sickert" schließlich durch die Röhrenwände in das weiche Körperinnere. Diesen Vorgang nennt man Diffusion.

Bei einem Rieseninsekt wären die Tracheenwände sehr dick und es würden bei dem gegenwärtigen Sauerstoffgehalt der Luft zu wenige Sauerstoffmoleküle ins Innere des Tieres gelangen. Besonders in den langen Insektenbeinen würde die Diffusion als Motor für die Sauerstoffverteilung nicht ausreichen. Erst ein höherer Sauerstoffgehalt der Luft ermöglicht das Eindringen von so vielen Sauerstoffteilchen, dass auch ein Rieseninsekt nicht ersticken muss. Deshalb kann es menschenjagende Killerameisen und gewaltige Mörderbienen, wie sie in vielen Horrorfilmen dargestellt werden, in der Gegenwart nicht geben. Sie würden noch vor dem ersten Schritt an Sauerstoffmangel eingehen. Nur wenn der Sauerstoffgehalt der Erdatmosphäre irgendwann wieder deutlich ansteigt, könnten die Monsterinsekten zurückkehren.

Die Temperaturregelung auf der Erde

Dieser Ausflug in die Vergangenheit zeigt, dass schon die Veränderung eines einzigen Klimafaktors, zum Beispiel der Zusammensetzung der Luft, enorme Auswirkungen auf unseren

Planeten, sein Klima und das Leben auf ihm hat. Im Verlauf ihrer Geschichte sah die Erde immer verschieden aus, hüllte sich in anderes Wetter und beherbergte unterschiedliche Pflanzen und Tiere. Was unseren Planeten immer wieder umgestaltet und sein Aussehen verändert, sind die vier „Elemente" Feuer, Wasser, Erde und Luft.

Das ist keine neue Erkenntnis, denn schon immer wurde die Geschichte des Menschen durch diese Kräfte beeinflusst. Meist nahmen die verschiedenen Kulturen jedoch vor allem die zerstörerische Seite der Naturgewalten wahr, die in allen Teilen der Welt immer wieder großes Leid über die Menschen brachten. Vulkanausbrüche, Flutkatastrophen, Erdbeben und Stürme gehören zu den Dingen, die die Menschen am meisten fürchten. Und selbst die moderne Technik schützt nur wenig vor den Kräften der Natur.

Kaum jemand denkt daran, dass es den Menschen und auch alles andere Leben auf der Erde ohne diese Kräfte gar nicht gäbe. Ohne Vulkane, die gigantischen Wassermassen der Ozeane und den Schutz der Atmosphäre wäre unser Planet wie die anderen Himmelskörper, die wir kennen: öde und leer!

In der Frühzeit der Erde sah es zunächst gar nicht rosig für die Ent-

Vulkane sind Klimamotoren.

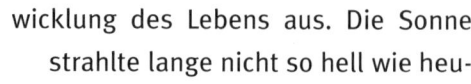

wicklung des Lebens aus. Die Sonne strahlte lange nicht so hell wie heute, sondern lieferte fast 30 Prozent weniger Energie. Unser Heimatplanet war in großer Gefahr, dauerhaft einzufrieren. Einzig die Vulkane bewahrten die Erde vor dem Schicksal, ein lebloser Eisblock wie etwa Pluto[*] zu werden. Aber nicht etwa die Lava, die die Vulkane ausspuckten, war für die Erwärmung des Globus zuständig, sondern vielmehr die riesigen Rauch- und Aschewolken, die die Vulkane bei jedem Ausbruch freisetzten. Diese Wolken enthielten ein Gas mit Superkräften: Kohlendioxid.

Der Treibhauseffekt

Heute liegt der Gehalt von Kohlendioxid (CO_2) in unserer Atmosphäre bei einem Bruchteil von einem Prozent, aber seine Auswirkungen sind dramatisch. Könnte ein böser Magier dieses Kohlendioxid einfach wegzaubern, dann würden die Durch-

---

[*] *Pluto war bis vor Kurzem der neunte Planet unseres Sonnensystems, seit kurzem gilt er nur noch als Zwergplanet, weil er eine bestimmte Größe unterschreitet.*

schnittstemperaturen auf der Erde um volle 30 Grad Celsius fallen. Das bedeutet, Städte und Dörfer, Autobahnen und Flughäfen wären in kürzester Zeit mit einer kilometerdicken Eisschicht bedeckt und ein Leben auf diesem Planeten wäre unmöglich. Das Kohlendioxid wirkt wie eine Decke, die sich die Erde umgelegt hat, um sich warm zu halten. Sonnenstrahlen können von der Sonne zur Erde gelangen, aber das Kohlendioxid lässt die Wärme nicht mehr vollständig zurück ins Weltall – ein Teil bleibt in der Atmosphäre zurück. Der Planet erwärmt sich.

Heute pusten nicht nur Vulkane Rauch in die Luft, sondern auch der Mensch mit seiner Industrie und seinen Autos. Durch sie kommt zusätzliches Kohlendioxid in die Atmosphäre, was dazu führt, dass sich die Erde stärker erwärmt. Wenn die Erwärmung damals etwas Gutes war, wieso ist sie dann heute schlecht? Ein kleiner Selbstversuch hilft, sofort die Antwort zu finden. Mit dünner Kleidung im Winter durch den tiefen Schnee zu laufen, ist mindestens so unangenehm wie im Hochsommer in der prallen Sonne mit dickem Wollpullover und Anorak. Den Selbstversuch sollte man nach wenigen Minuten abbrechen, denn auf die Dauer sind große Kälte und große Hitze gleich schädlich und machen krank. Wichtig für jeden Menschen ist, dass er eine mittlere Temperatur zum Leben hat – das gilt für alle Tiere und Pflanzen auf dem gesamten Globus.

Umhüllt der Mensch die Erde mit zu vielen Lagen aus Abgasen, dann könnten Regelmechanismen gestört werden. Das Leben auf der Erde könnte ebenso an den Folgen zu leiden haben wie ein Mensch, der auf Dauer seinen Körper überhitzt.

Man nennt diesen Vorgang heute „Treibhauseffekt", weil das Glas eines Treibhauses ganz genauso funktioniert wie das Kohlendioxid und andere Gase in der Atmosphäre. Das Glas lässt die Wärme der Sonne eindringen, aber nicht wieder aus dem Glashaus hinaus. Vulkane haben durch diesen Treibhauseffekt überhaupt erst die Grundlage für alles Leben auf der Erde geschaffen. Ab einem bestimmten Punkt jedoch produzierten sie viel zu viel von dem Treibhausgas Kohlendioxid. Damals drohte der Erde eine Überhitzungskatastrophe.

Bei einem Planeten ganz in unserer Nachbarschaft ist genau das passiert. Die Vulkane der Venus pumpten so viel Kohlenstoff in die Atmosphäre, dass der Treibhauseffekt völlig aus dem Ruder lief. Die Oberflächentemperatur der Venus erreicht bis heute um die 400 Grad. Dort ist kein Leben möglich. Das Leben auf der Erde hatte mehr Glück, denn hier gab es ein gutes Gegenmittel gegen zu viel Kohlendioxid, nämlich Wasser. Ein Teil war als Wasserdampf bereits in der Atmosphäre enthalten, ein anderer Teil stammte aus dem Erdinneren und wurde von den Vulkanen zusammen mit Lava an die Oberfläche transportiert. Einmal an der Oberfläche angekommen, verdampfte auch dieses Wasser und erhöhte den Wasserdampfgehalt der Atmosphäre. Ein weiterer Teil könnte durch Kometen auf unseren Planeten gelangt sein.

Lange Zeit stritten sich die Wissenschaftler darüber, ob und wie viel Wasser Kometen transportieren. Um diese Frage ein für alle Mal zu klären, ließ die amerikanische Weltraumbehörde NASA einen Satelliten mit dem Kometen Tempel 1 zusammenstoßen. Obwohl der Satellit den Kometen nur geringfügig beschädigte, spritzten über 230 Millionen Liter Wasser heraus. Das ist ungefähr so viel Wasser wie in 200 Schwimmbecken passt, wie sie für die Olympischen Spiele benutzt werden. Kometen sind also gigantische Wasserreservoire, die eine bedeutende Rolle für die Entstehung der Ozeane auf der Erde gespielt haben könnten.

Zunächst sammelte sich das Wasser als Dampf in der Atmosphäre. Wasserdampf ist wie Kohlendioxid ein Treibhausgas. Befindet sich viel Wasserdampf in der Atmosphäre, wird es durch den Treibhauseffekt wärmer. Je wärmer es ist, desto mehr Wasser verdunstet. Schließlich war so viel Wasserdampf in der Luft, dass es anfing zu regnen. Und es regnete und regnete, als wollte es niemals mehr aufhören. Gegen diesen Regen hätte der beste Regenschirm nichts genützt, denn die Regenzeit dauerte viele Millionen Jahre an. Heute wäre ein solcher Regen möglicherweise das Ende der menschlichen Zivilisation, aber damals, in der Frühzeit der Erde, begann ein ungewöhnlicher Kreislauf, von dem wir noch heute profitieren.

Das Regenwasser wusch Treibhausgase wie das Kohlendioxid aus der Atmosphäre heraus und beides zusammen ging als „saurer Regen" nieder. Das war damals nicht schlimm, weil es noch keine Pflanzen gab, die der saure Regen hätte schädigen können. Heute ist saurer Regen, der durch die vielen Abgase entsteht, ein ernstes Umweltproblem für Pflanzenwelt und Gewässer.

Am Boden angekommen, reagierte das Kohlendioxid mit Mineralien in den Gesteinen zu sogenannten Karbonaten*. Diese Salze wurden in die Flüsse gewaschen und nach und nach ins Meer geschwemmt. Schließlich lagerten sich die Karbonate am Meeresboden ab und wurden zu festem Gestein. Die Gefahr der Überhitzung war gebannt.

Weil die Vulkane aber immer weiter Kohlenstoff in die Atmosphäre sprühten, kühlte der Planet im Anschluss an den großen Regen nicht völlig aus. Nach einigem Hin und Her und vielen Umwegen entstand schließlich ein Gleichgewicht zwischen Kohlendioxidausstoß und -entzug und die Erde entwickelte sich zu einem gut temperierten Planeten, auf dem das Leben nicht nur entstehen, sondern sich auch bis heute halten konnte.

Das System arbeitet wie ein Heizungsthermostat*. Wenn das CO_2 in der Luft ansteigt und es zu warm wird, nimmt die Atmosphäre auch mehr Wasserdampf auf. Der Regen nimmt zu, das überflüssige Treibhausgas wird durch den Regen aus der Atmosphäre gewaschen und reagiert am Boden mit anderen Stoffen, sodass es nicht mehr in die Atmosphäre zurückkehren kann. Der Planet kühlt ab. Wenn es dagegen zu kalt wird, gibt es weniger Regen und die Vulkane bessern den Schutzmantel der Erde wieder aus, indem sie neues CO_2 ausstoßen. Dieser Kreislauf funktioniert auch heute noch. Auf diese Weise wird es niemals zu heiß oder zu kalt.

Im Prinzip eine tolle Sache, aber nicht immer funktionierte das System einwandfrei. Manchmal setzte das Thermostat aus und es wurde eben doch zu heiß oder zu kalt. Der Erde haben diese Extreme nie geschadet, für das Leben auf ihr waren sie allerdings von höchster Bedeutung.

Die ersten Lebewesen

Die ersten Bewohner der Erde waren einfache Einzeller, die vor ungefähr 3,8 Milliarden Jahren den Planeten besiedelten. Man weiß nicht genau, wo und wie sie entstanden sind. Einige Forscher vermuten ihren Ursprung am Meeresboden, andere glauben, dass sie sich in kleinen Tümpeln entlang der Küsten entwickelt haben. Sicher ist eigentlich nur, dass sie offenbar ideale Voraussetzungen auf der Erde vorfanden, denn sie vermehrten sich enorm. Die Welt war mehr oder weniger von Bakterienschleim überzogen.

Hätte das CO_2-Thermostat perfekt gearbeitet, wäre die Erde

vermutlich bis heute ein Schleim-
planet geblieben, aber nachdem
die Bakterien runde drei Milliarden Jahre allein den Planeten
beherrscht hatten, versagte die
Regulierung zum ersten Mal in
größerem Maßstab. Die Katastrophe war so gewaltig, dass sie
das gesamte Leben auf der Erde fast
ausgelöscht hätte. Damals klappte das
Aufladen der Atmosphäre mit neuem Kohlen-
stoff nicht so ganz. Die Ursache ist unklar. Vielleicht legten die
Vulkane eine Feuerpause ein, vielleicht waren andere Faktoren
verantwortlich. Das Ergebnis der Regelungsfehler war jeden-
falls, dass sich die Erde in einen gewaltigen „Schneeball" ver-
wandelte. Es gab nichts als Eis – von den Polen bis zum Äquator.
Als das Eis erst einmal angefangen hatte, sich auszudehnen,
war es nicht mehr zu stoppen. Die weiße Eisdecke warf die
wärmenden Sonnenstrahlen einfach zurück. Die Erde kühlte
immer mehr ab. Man kann sich das Klima damals kaum vorstellen. Nur in der Antarktis herrschen heute vergleichbare
Temperaturen. Dort leben nur wenige hoch spezialisierte Tierarten, zum Beispiel Pinguine. Sie können in ihrer lebensfeindlichen Umwelt aber nur deshalb überleben, weil sie ihr Futter
aus einem gemäßigteren Lebensraum, dem Meer, beziehen.
Könnten sie nicht immer wieder in diese fruchtbare Umgebung
zurück, würden sie umkommen. Auf dem Schneeball Erde vor

einer Milliarde Jahre, gab es solche Erholungsgebiete aber nicht. Alles war gefroren, eine unendliche, todbringende Eiswüste. Erst als die Vulkane ebenso unerwartet ihre Tätigkeit wieder aufnahmen, erwärmte sich die Erde wieder. Alles hätte so sein können wie vorher: eine Welt der Bakterien für weitere Jahrmillionen.

Aber die tödlichen Eismassen hatten offenbar einen wichtigen Evolutionsschritt bewirkt. Genau in die Zeit nach der großen Eiswüste fällt die Entstehung von Lebewesen, die aus mehr als einer Zelle bestehen. Dieser Schritt gehört zu den bedeutendsten in der langen Entwicklungsgeschichte des Lebens. Die Mehrzeller brachten in den kommenden Jahrmillionen eine unüberschaubar große Anzahl von Formen hervor: Bienen, Schnecken, Frösche, Adler, Löwen ... Obwohl sie sehr unterschiedlich sind, haben sie alle eines gemeinsam: Sie sind Mehrzeller und

I Unsere Tierwelt ist von großer Vielfalt gekennzeichnet.

haben ihren Ursprung in den frühen Formen, die sich nach dem „Schneeball" Erde entwickelt haben. Dies gilt auch für den Menschen. Wie dieser wichtige Entwicklungsschritt geschehen konnte, weiß man nicht. Offenbar war es in jener lebensfeindlichen Umgebung von Vorteil für die Mikroorganismen, sich zusammenzutun. Als der Klimaregler der Erde wieder zu arbeiten begann und die Vulkane von Neuem Kohlendioxid freisetzten, war der Weg frei für eine bis dahin ungekannte Vielfalt des Lebens.

Die Evolution, die Entwicklung des Lebens, verlief auch in der weiteren Erdgeschichte nicht ohne Zwischenfälle. Katastrophale Ausfälle der Klimaregelung hat es bis heute immer wieder gegeben. Ihre Ursachen waren unterschiedlich. Manchmal sorgten die Vulkane durch Über- oder Unterversorgung der Atmosphäre mit Kohlendioxid für Probleme, manchmal kam die Klimamaschine aber auch durch Störungen von außen aus dem Gleichgewicht. Meteoriten, Asteroiden und Kometen können beispielsweise verheerende

Auswirkungen haben. Das bekannteste Beispiel für einen Himmelskörper, der das Erdklima völlig durcheinanderbrachte, war der Einschlag vor 65 Millionen Jahren, der das Aussterben der Dinosaurier verursacht haben soll. Man nimmt an, dass das Geschoss aus dem Weltall bei seinem Aufprall so viel Staub in die Atmosphäre wirbelte, der den Himmel verdunkelte und das Sonnenlicht abhielt, dass für einen längeren Zeitraum arktische Temperaturen auf der Erde herrschten. Das Aussterben der Saurier ermöglichte es den Säugetieren, die verschiedenen Lebensräume zu besiedeln und eine unglaubliche Vielfalt an Arten zu entwickeln.

Auch die Entwicklung des Menschen ist entscheidend von Klima und Klimawandel geprägt. Eine Eiszeit sorgte dafür, dass im afrikanischen Lebensraum unserer frühen Vorfahren die Bäume verschwanden und sich Savanne ausbreitete. In dieser für ihn ungewohnten Landschaft soll der Mensch den aufrechten Gang erlernt haben. Im Gegensatz zu den entfernten Vettern, den Schimpansen, hat der Mensch auch beim Laufen die Hände frei und kann eine Menge damit anfangen. Während anderer Eiszeiten trockneten Teile der Ozeane aus. Weil große Wassermengen in den gewaltigen Eisschilden eingefroren waren, regnete es immer weniger und der Meeresspiegel sank. Das führte dazu, dass man zu Fuß andere Erdteile erreichen konnte. Auf diese Weise kamen die ersten Menschen nach Amerika.

Das sind nur einige Beispiele, die zeigen, wie das Klima nicht nur die Oberfläche der Erde mit ihren Pflanzen und Tieren, sondern auch den Menschen immer wieder geformt hat und noch weiter formt. Das gegenwärtige Klima herrscht auf der Erde mit kleineren Schwankungen seit ungefähr 11 000 Jahren. Wir können noch nicht abschätzen, welche Entwicklungen die Evolution für uns bereithält. Vielleicht wird es in Jahrmillionen auch wieder mehr Sauerstoff auf der Erde geben und einen Urwald mit Rieseninsekten. Und vielleicht kann sich der Mensch ebenfalls an eine solche Umgebung anpassen. Dann könnte ein Spaziergänger tatsächlich die wundersame Welt einer entfernten Verwandten der Meganeura bestaunen.

Die Wettermaschine

Enten auf großer Fahrt

Die Ozeane bestimmen unser Klima. Dafür gibt es nicht nur einen, sondern 29 000 Beweise.

Im Jahr 1992 verlor ein Frachtschiff während eines heftigen Sturms im mittleren Pazifik Teile seiner Fracht. Damals waren der Kapitän verzweifelt, die Mannschaft machtlos und der Besitzer des Schiffs wütend, aber sonst passierte nichts Außergewöhnliches. Oder doch? Niemand ahnte zu diesem Zeitpunkt, dass dieses Unglück die Klimaforschung einen entscheidenden Schritt weiterbringen würde. An Bord des Schiffes hatte sich nämlich eine sehr spezielle Fracht befunden: Plastikentchen.

Als die gigantischen Container aus dem Schiff fielen und zerbrachen, wurden 29 000 der kleinen Badetiere ins Meer geschüttet und begannen eine unglaubliche Entdeckungsreise rund um den Globus. Ohne eigenen Antrieb wurden sie von Kräften weitertransportiert, die man lange unterschätzt hatte: den Meeresströmungen. Zunächst ergriffen die starken Oberflächenströmungen des Pazifischen Ozeans die freigesetzten Entchen. Damit ist das schnell fließende Wasser gemeint, das die oberste Schicht eines jeden Ozeans bis in eine Tiefe von

etwa 300 Metern bildet. 300 Meter klingt zwar nach sehr viel, umfasst aber nur einen ganz kleinen Teil des Meerwassers – eben nur die Oberfläche. Die Ozeane der Erde sind bis zu elf Kilometer tief. Die Oberflächenströmungen durchziehen die Meere kreuz und quer wie ein riesiges Netz von Autobahnen, Bundesstraßen und Landstraßen – nur dass sie den Antrieb gleich mitliefern. Die Plastikentchen zumindest hatten keine Wahl und wurden einfach mitgerissen.

Nach und nach kam den Wissenschaftlern zu Ohren, dass an den unterschiedlichsten Orten der Welt Spielzeugentchen angeschwemmt wurden. Kurzerhand wurde eine Art „Kopfgeld" für jede gefundene Ente ausgesetzt. Die Forscher ließen sich genau beschreiben, wo die gelben Plastikvögel wieder an Land gegangen waren, und erhielten die erstaunlichsten Ergebnisse.

Eine große Anzahl beendete ihre Reise in Hawaii, aber viele andere tauchten plötzlich hoch im Norden auf. Sie waren offenbar aus dem Pazifik hinausgetrieben und durch die heimtückische Beringstraße ins Arktische Meer geschwemmt worden.

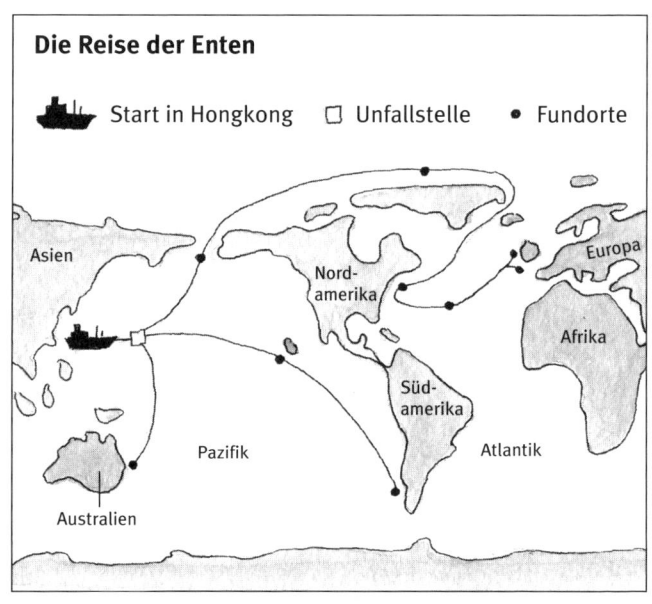

Die Reise der Enten

Start in Hongkong   ☐ Unfallstelle   ● Fundorte

Asien

Nordamerika

Europa

Afrika

Südamerika

Pazifik

Atlantik

Australien

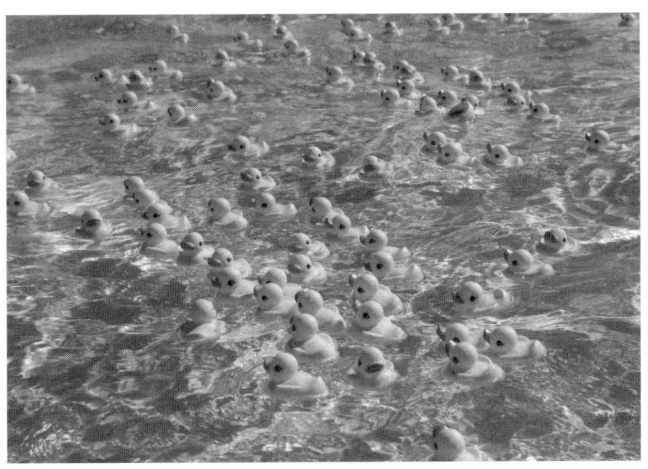

Dort froren sie erst einmal ein und waren für mehrere
Jahre im Packeis gefangen. Sobald das Eis schmolz, setzten sie unverzagt ihre Reise in Richtung Süden durch
den Atlantik fort. Noch acht Jahre nachdem sie in den
Pazifischen Ozean gefallen waren, wurden verblasste
Entchen an den Küsten Nordamerikas, Kanadas, Groß-
britanniens und sogar Islands gefunden. Diese Nach-
zügler waren ganz ohne eigenen Antrieb über drei Ozeane und jede Menge anderer Meere transportiert worden.
Die Wissenschaftler staunten nicht schlecht, als sie ihre
Erkenntnisse zusammentrugen. Obwohl man seit Jahrhunderten wusste, dass es Oberflächenströmungen gibt,
hatten erst die reisefreudigen Plastikenten bewiesen, wie
umfassend und gewaltig das Netz der Ozeanautobah-
nen ist.

Wasserautobahnen

Jeder, der schon einmal am Meer war, weiß, dass Strömungen sehr stark und gefährlich sein können. Manchmal gibt es sogar Badeverbot, weil die Gefahr besteht, dass selbst gute Schwimmer auf das Meer hinausgezogen werden und ertrinken. Diese für den Menschen sehr wichtigen küstennahen Strömungen kennt man schon sehr lange. Auch einige der großen Strömungen, die ganze Ozeane durchqueren, waren teilweise erforscht, wenn sie zum Beispiel für den Fischfang Bedeutung hatten. Aber erst durch die Expedition der Plastikenten erfuhren die Forscher der Welt mehr über das komplizierte Netz von Strömungen, das sich durch alle Meere zieht und als gewaltiger Motor die Wettermaschine antreibt.

Genauso wie die Oberflächenströmungen die Enten eingefangen haben, nehmen sie ununterbrochen auch Wärme auf und verteilen sie überall auf dem Globus. Ozeane sind die wirkungsvollsten Wärmespeicher der Welt. Die obersten Meter der Weltmeere absorbieren so viel Hitze wie die gesamte Atmosphäre. Diese Speicherqualitäten sind schon außergewöhnlich, aber die Möglichkeit, Wärme über die Oberflächenströmungen weltweit zu verteilen, macht die Ozeane zum Klimamotor der Erde. Eine dieser gigantischen Strömungsautobahnen ist besonders gut untersucht, weil sie für uns in Europa eine besondere Bedeutung hat: der Golfstrom. Auf Wärmebildern von Satelliten kann man diese Strömung besonders gut erkennen, weil sie reichlich heißes Wasser mit sich führt. Schon seit drei Millionen Jahren schlängelt sich dieses riesige Wasserband quer über den Atlantischen Ozean.

Vorher waren die Kontinente Nord- und Südamerika völlig voneinander getrennt. Eine warme Strömung floss durch die Lücke zwischen den Erdteilen und verband den Pazifischen und den Atlantischen Ozean miteinander. Dann änderte sich alles. Die zwei Kontinente wanderten aufeinander zu. Als sie schließlich zusammenstießen, wurde eine dünne Kette von Vulkanen aufgefaltet, die die Lücke verschloss. Man nennt dieses Gebiet heute Isthmus von Panama. Diese vergleichsweise kleine Ver-

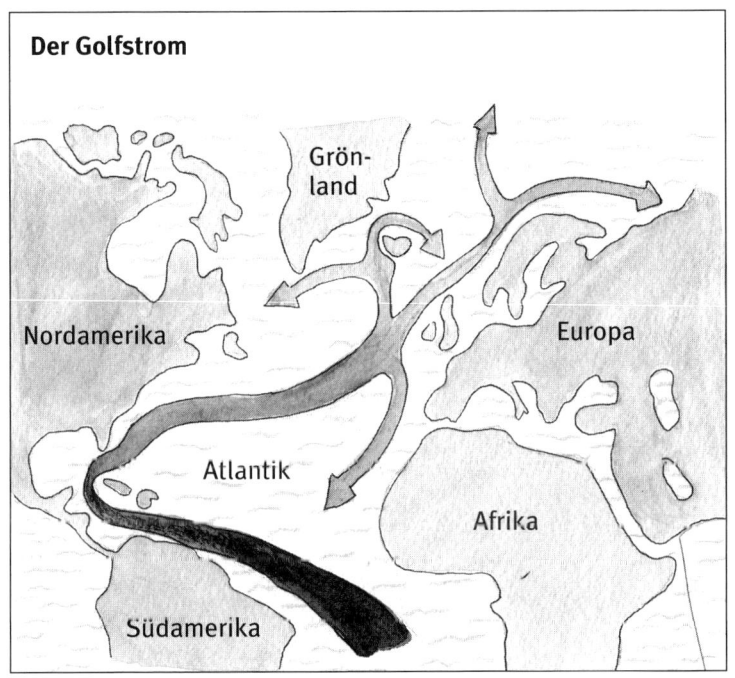

Der Golfstrom

Grön-
land

Nordamerika

Europa

Atlantik

Afrika

Südamerika

änderung war eine der wichtigsten geologischen Ereignisse der letzten 60 Millionen Jahre.

Die warmen Wassermassen, die zuvor zwischen Nord- und Südamerika hindurchgeströmt waren, wurden umgeleitet. Sie umfließen seitdem den Golf von Mexiko und fluten weiter durch den Atlantik in Richtung Norden. Schließlich entstand das heutige Muster von Strömen, die wir „Golfstrom" nennen. Sein Einfluss auf Europa ist enorm.

Der Golfstrom bringt warme Wassermassen aus dem Süden bis in die Arktis. Unterwegs geben sie ihre Wärme an den Kontinent ab wie heißes Wasser, das um einen Eiswürfel fließt und ihn langsam auftaut. Dabei erhöhen sie die Durchschnittstemperaturen um runde 10 Grad. Nur durch den Golfstrom wurde aus einer eisigen Wildnis in Europa ein angenehm temperierter grüner Kontinent. Bis zum heutigen Tag bestimmt der Golfstrom die Temperatur Europas von Frankreich bis hinauf nach Skandinavien. Sollte er irgendwann seinen Verlauf ändern, dann müssten sich fast alle Europäer ein neues Zuhause suchen. Denn wenn das Klima sich im Schnitt um 10 Grad abkühlt, dann bedeutet das nicht, dass man eine neue Daunenjacke und dicke Ohrenschützer braucht, sondern dass man sich mit einer dauerhaft gefrorenen kilometerdicken Eisdecke auseinandersetzen muss.

Das Gleiche gilt für Kanada auf der anderen Seite des Atlantischen Ozeans. Obwohl zum Beispiel die Küste von Labrador über 2000 Kilometer von Europa entfernt liegt, wird auch ihr Klima vom Golfstrom bestimmt. Labrador liegt auf demselben

Längengrad wie Schottland und ohne den wärmenden Einfluss des Golfstroms wäre die Region kaum bewohnbar.

Für die Entwicklung des Menschen war der Klimawandel in Europa allerdings von besonderer Bedeutung. Vielleicht hätte er ohne dieses Auf und Ab der Umweltbedingungen niemals die Gelegenheit bekommen, Afrika zu verlassen und den gesamten Erdball zu besiedeln. Einige Forscher glauben sogar, dass er sich nur deshalb zu einem intelligenten Wesen mit einer Kultur entwickelt hat, weil er sich immer neue Dinge ausgedacht hat, um mit dem Klima fertig zu werden. Er entdeckte den Gebrauch des Feuers und erfand Kleidungsstücke. So konnte er zum Beispiel der Kälte trotzen. Außerdem entwickelte er Waffen und Werkzeuge, mit deren Hilfe er ganz unterschiedliche Beutetiere jagen konnte. Der erste, der sich aus Afrika aufmachte und fast die ganze Welt besiedelte, war „Homo erectus", später kamen dann unsere direkten Vorfahren, die in der Forschung genauso heißen wie wir: „Homo sapiens". Ohne den Golfstrom hätten diese beiden Menschentypen Europa nie besiedeln können.

Wie groß der Einfluss des Golfstroms auch ist, es gibt ein noch viel gewaltigeres Strömungssystem, dessen Bedeutung erst nach und nach erforscht wird. Diese unglaubliche Strömung durchquert fast alle Meere der Welt und beeinflusst das Klima und damit das Leben aller Bewohner dieses Planeten. Ohne diese Strömung würde das Wasser am Äquator viel zu heiß werden und nichts könnte darin überleben. Gleichzeitig würden sich die Eiskappen der Pole in kürzester Zeit ausbreiten und Land und Meer um sie herum einfrieren. Man nennt diese Superströmung ganz schlicht „das Globale Förderband".

Im Gegensatz zu seiner weltweiten Bedeutung ist seine Funktionsweise unglaublich einfach. Tatsächlich bewegt es sich wie ein gigantisches Förderband durch den Ozean, nimmt am Äquator Wärme auf und transportiert sie nach Norden. Hier trifft es

auf den Golfstrom, der von seiner langen Reise schon etwas abgeschwächt ist. Gemeinsam fließen Förderband und Golfstrom weiter nach Norden und versorgen unterwegs die Umgebung mit Wärme. Das Förderband bringt mit großem Einsatz die Arbeit zu Ende, die der Golfstrom angefangen hat. Seine riesigen Dimensionen sind nicht leicht zu verstehen und auch noch nicht vollständig erforscht. Immerhin haben Wissenschaftler herausgefunden, dass es ein Drittel so viel Energie nach Island transportiert wie der gesamte Nordatlantik an Sonnenlicht absorbiert. Aber die Reise nach Norden ist erst die halbe Geschichte. Wenn das Förderband die Arktis erreicht, hat es schon einen Großteil seiner Wärme unterwegs an das Land abgegeben und ist deutlich abgekühlt. Dadurch wird das Wasser dichter und schwerer. Außerdem ist das Wasser, wenn es im Norden ankommt, viel salziger als normales Meerwasser. Das kommt daher, dass viel Wasser während der langen Reise nach Norden verdunstet, während das Salz zurückbleibt.

Der Flaschenvulkan

Was in den Ozeanen passiert, kann man recht eindrucksvoll in einem Versuch nachvollziehen.

Man braucht dazu
- Eine durchsichtige Schüssel ● Eine kleine Flasche
- Heißes Wasser ● Kaltes Wasser
- Lebensmittelfarbe oder Tinte ● Ein Stück Schnur

Versuch

Zuerst füllt man kaltes Wasser in eine Schüssel. Am Hals
der kleinen Flasche befestigt man die Schnur. Nun füllt man
in die kleine Flasche etwas Lebensmittelfarbe oder Tinte
(Rot wirkt besonders gut) und füllt mit heißem Wasser auf.
Die so präparierte kleine Flasche lässt man dann mithilfe
der Schnur langsam auf den Boden der mit kaltem Wasser
gefüllten Schüssel sinken.

Beobachtung

Das heiße, eingefärbte Wasser strömt sofort nach oben aus
der Flasche heraus und beginnt, sich an der Wasseroberfläche der Wanne zu verteilen. Weil das entfernt an einen
Vulkanausbruch erinnert, heißt der Versuch Flaschenvulkan.
Gleichzeitig strömt kaltes, klares Wasser in die kleine Flasche
hinein. Dabei entstehen kleine Wirbel in dem Fläschchen.
Im Verlauf des Versuchs strömt das gefärbte Wasser immer
langsamer nach außen und das klare in die Flasche. Das
gefärbte Wasser, das sich zunächst an der Wasseroberfläche
ausbreitete, sinkt nach einiger Zeit wieder ab und beginnt,
sich mit dem restlichen Wasser zu vermischen.

Ergebnis

Wasser besteht aus winzigen Teilchen, den Molekülen.
Wärme beschleunigt ihre Bewegung und sie entfernen sich
voneinander. Das gefärbte, heiße Wasser ist deshalb weniger dicht und daher auch leichter. Es „schwimmt" quasi auf
dem kalten Wasser. Sobald sich das gefärbte Wasser abkühlt, beginnt es, wieder zu sinken, und vermischt sich mit
dem klaren Wasser.

Die Kombination von niedriger Temperatur und steigendem Salzgehalt macht das Wasser so dicht und schwer, dass es nach unten sinkt.

Da ständig Nachschub von oben kommt, wird das Wasser auf dem Meeresboden immer weitergeschoben. Es ist eine langsame Reise und ein weiter Weg. An der Dänemarkstraße, der Meerenge zwischen Grönland und Island, rutscht das Wasser über eine aufsehenerregende Unterwasserrutschbahn. Der Meeresboden sinkt ab und das kalte, salzhaltige Wasser fällt 3,5 Kilometer über die Kante des größten und kraftvollsten Wasserfalls der Erde. Leider kann man dieses Spektakel nicht sehen, sondern nur messen. Die Angel Falls in Venezuela sind mit beeindruckenden 1000 Metern die größten Wasserfälle der Welt, aber dieser Meereswasserfall ist dreieinhalb Mal tiefer. Auf dem Meeresboden angelangt, fließen die Wassermassen wieder zurück in Richtung Süden. Sie bewegen sich ungefähr entlang der gleichen Route wie auf ihrem Weg nach Norden, aber diesmal fluten sie nicht dicht an der Oberfläche entlang, sondern über dem Meeresboden.

Das in der Polarregion abgekühlte Wasser enthält mehr Sauerstoff als warmes. Beim Absinken werden mit den Wassermassen große Mengen Sauerstoff in die Tiefe gerissen. Ohne diese dauerhafte Sauerstoffzufuhr wäre die Tiefsee eine leblose Wüste. Aber das Globale Förderband lässt nicht nur wertvolle Fracht am Meeresboden zurück, sondern nimmt dort unten auch neue Ladung auf. Das Wasser auf dem Meeresboden ist sehr nährstoffreich. Hier sammeln sich abgestorbene Pflanzen- und Tierreste und werden von Bakterien zersetzt. Auf seinem Weg nach Süden nimmt das Förderband in der Tiefsee große Mengen von Nährstoffen auf.

Weil immer neues Wasser an den Polen absinkt und auf dem Meeresgrund nach Süden befördert wird, drücken die nachströmenden Fluten das nährstoffreiche Wasser vom Meeresboden an einigen Stellen wieder an die Oberfläche. Eine der wichtigsten Regionen, an denen das Wasser mit seiner wertvollen Fracht nach oben gespült wird, liegt ausgerechnet in der Nähe der Antarktis. An Land ist die Antarktis eine unfruchtbare Eiswüste, aber die Gewässer, die sie umspülen, gehören zu den fruchtbarsten des ganzen Planeten. Kein Wunder, dass sich hier tonnenweise mikroskopisch kleine Organismen einfinden, um das Schlaraffenland aus der Tiefe zu genießen. Diese Einzeller wiederum, die man auch als Plankton[*] bezeichnet, sind eine der größten Nahrungsreserven auf dem gesamten Planeten,

I Plankton

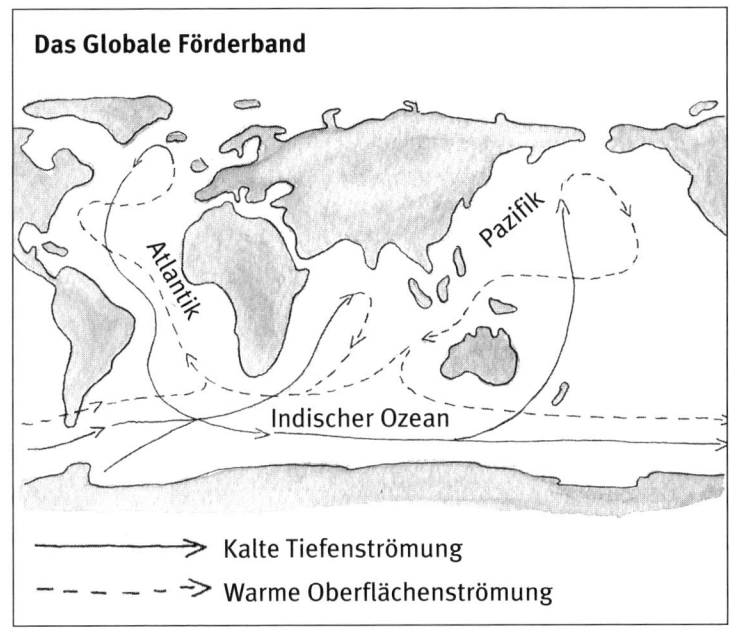

Das Globale Förderband

Atlantik

Pazifik

Indischer Ozean

———————▷ Kalte Tiefenströmung

– – – – – –▷ Warme Oberflächenströmung

die Basis eines gigantischen Ökosystems*. Ganz gleich, ob Vögel, Wale, Fische oder Krebse – sie alle sind ausnahmslos von der Planktonmenge abhängig.

Schließlich transportiert das Globale Förderband die Wassermassen wieder zurück in Richtung Norden, lädt sich am Äquator mit Wärme auf und nimmt erneut Kurs auf die Arktis. Der ganze Trip dauert über 1000 Jahre. Niemand bemerkt im Alltag dieses wundervolle Transportsystem, das die Grundvoraussetzungen für unser Leben – Sauerstoff, Wärme und Nahrung – auf der Welt verteilt. Und auch die Wissenschaftler beginnen erst seit Kurzem, seine wirkliche Bedeutung zu erforschen.

Klima im Wandel?

Paddeltour mit Pannen

Paul Hastings war nahe daran aufzugeben. Er saß in seinem Kajak mitten auf dem Pazifischen Ozean fest. Kein Lüftchen regte sich, das er mit seinem Segel hätte nutzen können. Die Sonne brannte unerbittlich auf ihn herab. Trotzdem durfte er nicht aufgeben, er musste weiterpaddeln. Wenn er nicht gegen die Strömung anpaddelte, würde er von ihr weggetragen werden – er konnte sich nicht einmal vorstellen, wohin.

Wie war er nur in diese Situation gekommen? Was hatte er falsch gemacht? Sein Plan, den Pazifik mit einem Kajak zu überqueren, war von vielen verlacht worden. Einige hatten ihn sogar für verrückt gehalten, aber er hatte doch alles genau berechnet und geplant.

Der Abenteurer war in Topform, hatte sich über Wetter- und Strömungsverhältnisse genau informiert und seine Vorräte, vor allem natürlich die Süßwasserreserven, exakt berechnet. Zunächst war ja auch alles nach Plan gelaufen. Wind und Strömungen waren genau so gewesen, wie er es sich vorgestellt hatte, und er war gut vorangekommen. Sein Kajak war mit einem kleinen Segel ausgestattet und meist hielt er ein gutes Tempo, ohne mit dem Paddel nachhelfen zu müssen.

Dann, nach zehn Tagen, änderte sich alles. Mitten auf dem gewaltigen Ozean stand der Wind ganz plötzlich still – einfach so, ohne Vorwarnung. Es wurde immer wärmer, und weil sich nicht das kleinste Lüftchen regte, musste Paul sich von da an mit Muskelkraft fortbewegen. Er paddelte, aber die Strömung, gegen die er anpaddeln musste, schien immer stärker zu werden.

Zuerst dachte er, er hätte vielleicht einen Sonnenstich und all diese schlimmen Veränderungen passierten nur in seiner Fantasie. Bald musste er jedoch erkennen, dass die unerwarteten Erscheinungen gefährliche Realität waren. Paul saß auf einer gigantischen Wasserfläche fest und konnte sich nicht aus eigener Kraft retten. Seine Vorräte, vor allem das Trinkwasser, gingen zur Neige. Er begann, daran zu glauben, dass nur ein böser Teufel ihn in diese Situation gebracht haben könne. Nach drei zermürbenden Tagen am selben Fleck war er nahe daran aufzugeben, da entdeckte ihn endlich ein Schiff und rettete ihn aus höchster Not.

Das unberechenbare „Christkind" – kleine Ursache, große Wirkung

Was war passiert? Paul hatte sich gründlich vorbereitet und alle Wetterdaten in seine Berechnungen einbezogen. Weshalb hatte sein präzise ausgearbeiteter Plan nicht funktioniert?

Sein Scheitern war ganz und gar nicht das Werk des Teufels, vielmehr hatte hier das „Christkind" seine Finger im Spiel. Das „Christkind" oder auch El Niño ist ein Wetterphänomen, das immer wieder einmal alle möglichen Wetterbedingungen auf den Kopf stellt und überall auf der Welt für Chaos sorgt. Seinen Namen hat das wilde „Christkind" von peruanischen Fischern bekommen. An den Küstenzonen Perus taucht El Niño nämlich ausgerechnet kurz vor Weihnachten auf, und zwar mit verheerenden Folgen. Normalerweise haben die Fischer zu dieser Jahreszeit keine Probleme mit dem Fischfang, aber wenn El Niño kommt, bleibt das Meer leer und die Fischer leiden große Not.

Die Wissenschaftler nennen das Phänomen eine „Klimaanomalie". Das bedeutet, dass das Klima für einen gewissen Zeitraum anders ist als sonst üblich. Wenn man eine solche „unnormale" Klimaerscheinung genauer untersucht, kann man auch eine ganze Menge über die Entstehung des normalen Klimas erfahren.

In den Jahren, in denen El Niño nicht alles durcheinanderbringt, weht am Äquator ein Wind von Südost nach West, den man Südostpassat nennt. Dieser Wind nimmt das kühle Oberflächenwasser von der südamerikanischen Küste mit nach Westen. Unterwegs wird das Wasser von der Sonne aufgewärmt. Wenn es dann in Indonesien ankommt, ist es sehr warm, verdunstet und bildet ein Tief. Das heißt: Es regnet. Die Pflanzen und Tiere in Indonesien sind ganz und gar an ein warmfeuchtes Klima angepasst und deshalb auf die Regenfälle angewiesen.

Die Wassermassen aus Südamerika sind also wichtig für das Wetter am anderen Ende der Welt. Aber längst nicht alles Wasser verdunstet, ein großer Teil wird vor Indonesien nach unten auf den Meeresboden gedrückt. Dieses Wasser kühlt ab und beginnt nun, in die Gegenrichtung zu strömen, weil immer neues Wasser nachkommt. Es entsteht also ein Kreislauf. An der Oberfläche fließt Wasser von Südamerika nach Indonesien, das während seiner Reise immer wärmer wird. Unten am Meeresboden bewegen sich die Fluten von Indonesien zurück nach Südamerika und kühlen auf ihrem Weg immer mehr ab.

Sobald der Rückstrom Südamerika erreicht hat, wird das kalte Wasser wieder nach oben gedrückt. Weil es dabei unglaublich viele Nährstoffe vom Meeresgrund mit nach oben bringt, sam-

meln sich riesige Fischschwärme vor der Küste. Es gibt dann
so viel Nahrung, dass die Fische dicht an dicht schwimmen können und trotzdem keine Angst haben müssen, nichts abzube-
kommen. Den Fischern in Peru bringt dieser Zustrom kalten
Wassers eine gute Fangsaison. Aber alle paar Jahre macht ihnen
El Niño einen Strich durch die Rechnung.

Wie ein ungezogenes Kleinkind, das ständig am Lichtschalter
spielt, knipst das „Christkind" den Passatwind hin und wieder
einfach aus. Die Folgen sind dramatisch. Das Oberflächenwasser wird nicht mehr von Osten nach Westen transportiert,
sondern schwappt sogar zurück, weil sich vor Indonesien immer ein kleiner Stau bildet. Normalerweise sinken die Wassermassen dort nicht so schnell ab, wie die Winde neue Fluten
herantreiben. Der ganze Überschuss rollt sofort zurück, sobald der Passat aufhört zu wehen. Und genau dieser Effekt
hätte Paul Hastings während seiner Fahrt über den Pazifik fast
das Leben gekostet. Statt wie
geplant mithilfe des Pas-
satwindes schnell
an sein

Ziel zu gelangen, geriet er in eine Flaute und musste zusätzlich sogar gegen die zurückströmenden Wassermassen anpaddeln. Aber das chaotische Christkind hat nicht nur Pauls Kajaküberfahrt vermasselt. Dadurch, dass sich Wind und Wasser nicht bewegen, steigt vor Südamerika kein kühles, nährstoffreiches Wasser mehr auf und die Fische müssen sich anderswo im großen Ozean Nahrung suchen. Landtiere, die sich von Fisch ernähren, können den Schwärmen nicht folgen und sterben. Auch für die Menschen der Region sieht die Lage kritisch aus. Wenn die Fischindustrie zusammenbricht, drohen Arbeitslosigkeit, Hunger und Armut.

Damit nicht genug. Wenn das Oberflächenwasser vor der Küste Südamerikas nicht ununterbrochen vom Passatwind abtransportiert wird, erwärmt es sich einfach direkt vor der Küste und verdunstet dort. Tiefs entstehen und es regnet in Südamerika. Dort sind Pflanzen und Tiere an große Trockenheit und kühleres Wetter angepasst. Die ungewohnten, zum Teil sehr heftigen Regenfälle verwüsten den Kontinent durch Fluten und Erdrutsche. Manchmal bilden sich aus dem verdunsteten Wasser über dem Meer sogar Hurrikane, die nach Norden in Richtung Mittelamerika ziehen und weite Landstriche zerstören. Einen sehr schlimmen Hurrikan produzierte El Niño 1997. Paulina hieß der unberechenbare Wirbelsturm, durch den in Mexiko viele Tausend Menschen ihr Zuhause verloren.

Was rund um Südamerika zu viel ist, fehlt auf der anderen Seite des Ozeans In Indonesien und anderen Teilen Asiens. Unter normalen Bedingungen sollte hier der Monsun wehen. Das ist

| Waldbrand im indonesischen Kalimantan

ein warmer Wind, der für die Landwirtschaft in Asien enorm wichtig ist, weil er den Regen bringt. In El-Niño-Jahren fallen Wind und Regen komplett aus oder sind viel schwächer als sonst. Die Folge sind Missernten und Dürre. Sogar der Regenwald kann dann austrocknen und ist in großer Gefahr, durch Buschfeuer zerstört zu werden. Normalerweise löscht der Monsun kleinere Feuer sofort. Wenn aber zu lange kein Regen fällt, gibt es kaum Hoffnung, Brände zu löschen. 1997 vernichtete El Niño auf diese Weise 800 000 Hektar Regenwald. Indonesien war über Monate von einer dichten Smogwolke umschlossen. Als wäre es nicht schon schlimm genug, was das chaotische Christkind in Südamerika und Indonesien anrichtet, auch sonst auf der Welt bleibt niemand ungerührt von seinen Streichen.

Das Durcheinander von Winden und Strömungen entlang des Äquators stürzt auch Staaten in Afrika immer wieder in eine Krise. Während im Süden des Erdteils ebenfalls Dürreperioden den Menschen zu schaffen machen, werden zum Beispiel in Somalia im Südosten ganze Dörfer von sintflutartigen Regenfällen weggespült. Wie Dominosteine, die in einer langen Reihe aufgestellt sind, bringt die Veränderung einer Klimasituation die benachbarte aus dem Gleichgewicht, bis schließlich alle umfallen und das ursprüngliche Muster zerstört ist. Eine kleine Ursache hat gigantische Auswirkungen.

Bis zu uns nach Deutschland reicht die Macht von El Niño allerdings nicht. Das Thermometer steigt in einem El-Niño-Winter ein bisschen an, vielleicht regnet es auch ein wenig mehr, aber die Auswirkungen kann man nur messen, aber sonst nicht wahrnehmen. Wenn es bei uns Fluten oder andere katastrophale Wetterkapriolen gibt, könnte allerdings ein Phänomen dahinterstecken, das ganz ähnlich funktioniert wie El Niño, sich aber auf dem Atlantischen Ozean herumtreibt. Genaues haben die Wissenschaftler über den Unruhestifter in unserer Nähe aber noch nicht herausgefunden, denn er wurde erst vor Kurzem entdeckt und muss zunächst gründlich erforscht werden. Selbst einen Namen hat El Niños nördlicher Verwandter noch nicht, aber einige Experten glauben, dass er in Zukunft für viele Hurrikans und Flutkatastrophen bei uns in Europa verantwortlich sein wird.

Wie man am Beispiel von El Niño sieht, kann eine regionale Veränderung das Klima in Tausenden Kilometern Entfernung

beeinflussen. Umso problematischer wird es daher, wenn der Mensch in dieses empfindliche und komplizierte System einfach „hineinpfuscht". Wenn wir an den „Schrauben" der Klimamaschine herumdrehen, sind die Folgen riesig und mitunter noch gar nicht abzusehen.

Zahlreiche Forscher halten El Niño und ähnliche Phänomene für Vorboten eines tief greifenden Klimawandels, andere sehen in ihnen lediglich Ausrutscher der Natur, die in bestimmten Zyklen vorkommen. Tatsächlich ist El Niño ein sehr altes Phänomen. Bereits die Inka kannten und fürchteten seine Tücken. Einige Autoren halten es sogar für möglich, dass diese großartige Kultur nur deshalb von den spanischen Truppen erobert werden konnte, weil die Bevölkerung durch die furchtbaren, von El Niño verursachten Hungersnöte bereits zermürbt war.

Das boshafte „Christkind" ist also vermutlich nicht die Folge menschlichen Handelns. Allerdings haben Wissenschaftler festgestellt, dass sich die Abstände zwischen El Niños Auftauchen mehr und mehr verkürzen. Musste man im vergangenen Jahrhundert noch alle sieben Jahre mit El Niño rechnen, kann die Anomalie in der Gegenwart in einem Abstand von nur drei Jahren auftauchen. Diese Veränderung ist vermutlich vom Menschen verursacht. Sollte sich die Beschleunigung des Zyklus fortsetzen, würde sich irgendwann tatsächlich das Klimamuster ändern. Weltweit könnten Lebensräume und ihre heutigen Bewohner verschwinden, weil diese für andere klimatische Verhältnisse optimiert sind.

Eine weitere Veränderung mit weltweiten Auswirkungen ist das Abschmelzen der Pole. Meist wird in diesem Zusammenhang

das Problem diskutiert, dass es zu gewaltigen Überflutungs-katastrophen kommen kann, wenn der Meeresspiegel durch die schmelzenden Eismassen ansteigt. Diese Bedrohung ist am besten kalkulierbar und einige Forscher machen sogar Vorschläge, wie man die Menschen am besten vor solchen Katastrophen schützen kann.

Weniger bekannt ist allerdings, dass durch die Erwärmung der Polregion das Globale Förderband zum Erliegen kommen könnte. Wenn die Wassermassen am Pol nicht mehr abkühlen können, sinken sie nicht zu Boden und das Förderband bleibt einfach stehen. Auch der Golfstrom würde vermutlich ins Stocken geraten. Die Folgen wären fatal. Da mit dem Förderband auch die angelieferte Wärme ausbliebe, würde eine neue Eiszeit heraufziehen. Europa, Nordamerika und weite Teile Asiens wären mit einer kilometerdicken Eisschicht bedeckt. Menschliches Leben wäre hier nicht mehr möglich.

Erde mit Fieber

Warum schmelzen die Polkappen ab? Diese Erscheinung hat mit der Erderwärmung zu tun, die zu einem großen Teil vom Menschen verursacht wird. Sie ist messbar und darum sehr einfach zu überprüfen. In Deutschland betrug die Erwärmung in den letzten 100 Jahren ca. ein Grad Celsius, im weltweiten Durchschnitt liegt sie bei 0,6 Grad. Man kann sagen, die Erde hat erhöhte Temperatur.

0,6 Grad klingen nicht gerade dramatisch. Tatsache ist aber, dass schon diese geringe Erwärmung extreme Auswirkungen haben kann. Nicht nur das Klima selbst, sondern auch die Lebewesen und Lebensräume auf der Welt sind hochempfindlich und reagieren sehr stark auf solche scheinbar kleinen Veränderungen. Es gibt bereits die ersten Opfer.

Beispielsweise die Goldkröte aus Costa Rica ist ausgestorben, weil die Tümpel mit ihrem Laich wegen der wärmeren Temperaturen ausgetrocknet sind. Auch eine seltene Schneckenart auf den Aldabra-Inseln im Indischen Ozean gibt es nicht mehr. Bei uns in Mitteleuropa kann man im Sommer immer weniger Schmetterlinge sehen und manche Arten scheinen ganz verschwunden zu sein. Viele andere Tierarten sind bedroht. Die Vielfalt der Tiere und auch der Pflanzen, die auf der Erde, im Wasser, in der Luft und auf dem Land leben – die sogenannte Biodiversität –, ist in großer Gefahr.

Und das ist erst der Anfang. Klimaschäden machen sich nur langsam und mit Verzögerung bemerkbar. Die etwa 4,6 Milliarden Jahre alte Erde misst die Zeit anders als der Mensch mit seiner begrenzten Lebenszeit. Doch in den nächsten Jahren ist mit einer spürbaren und für die Erde geradezu rapiden Veränderung des Klimas zu rechnen. Klimamodelle berechnen einen Anstieg der Temperatur bis zum Jahr 2100 um weitere fünf bis sechs Grad.

Nun ja, fünf bis sechs Grad, dann werden die Sommer halt noch ein wenig heißer, könnte man denken. Vielleicht ein bisschen anstrengend, aber nun gut ... Falsch. So wie bestimmte Körperfunktionen des

Menschen nicht mehr richtig funktionieren und beeinträchtigt sind, wenn wir Fieber haben, gerät auch das Leben auf der Erde aus dem Gleichgewicht, wenn sie sich mehr und mehr erwärmt. Unsere normale Temperatur, wenn wir gesund und munter sind, liegt ziemlich genau bei 37 Grad. Schon bei einer Körpertemperatur von nur 1,1 Grad mehr, nämlich 38,1 Grad, haben wir Fieber und schon funktioniert der Körper nicht mehr richtig.

Die Temperatur der Erde betrug in den letzten 10 000 Jahren weltweit durchschnittlich 14 Grad. Das scheinen optimale Lebensbedingungen für den Menschen und die vielen verschiedenen Tierarten und Pflanzen auf unserem Planeten zu sein. Die menschengemachte Erwärmung wird das Leben auf dem einzigen bekannten belebten Himmelskörper des Universums grundlegend verändern. Es ist kaum vorstellbar, was passieren würde, wenn wir auf der Erde, wie von Klimaforschern prognostiziert, Temperaturen erzeugen, die hier mindestens seit 100 000 Jahren nicht mehr geherrscht haben.

Wie wahrscheinlich diese Entwicklung ist, kann heute niemand sagen. Dass sie eintreffen könnte, beweist ein Blick in die Vergangenheit. Das Globale Förderband und der Golfstrom haben in der Geschichte des Lebens schon mehrere Male ihre Arbeit eingestellt oder ihren Verlauf geändert. Lebensräume verschwanden, andere wurden neu geschaffen. Gravierende Wechsel führten stets zu einem unvorstellbaren Massensterben. Ablagerungen großer Mengen von Lebewesen in den Gesteinsschichten dokumentieren solche Ereignisse.

Das Klima ist letztlich immer im Wandel, ob mit oder ohne menschliches Zutun. Und die Lebewesen auf der Erde müssen sich mit diesen Veränderungen auseinandersetzen. Sie kommen entweder zurecht oder sie sterben aus.

Anders als alle früheren Bewohner der Erde kann der Mensch jedoch die Zusammenhänge der Natur begreifen. Es ist ihm möglich, Veränderungen über Generationen hinweg zu beobachten, zu untersuchen und zu interpretieren. Ja, er kann durch sein Verhalten sogar als Beschleuniger oder Bremser bestimmter Effekte wirken.

Das bedeutet, ganz egal, wie stark der Mensch an der derzeitigen Erwärmung der Erde beteiligt ist, es ist nun Zeit, diesem gefährlichen Prozess mit allen zur Verfügung stehenden Mitteln entgegenzuwirken.

Wie konnte es so weit kommen?

2 x 20 bis 2020

Der Wecker klingelt. Montagmorgen, was könnte schlimmer sein? Mathearbeit in der ersten und ein Test in Klimakunde in der letzten Stunde. Der Wecker klingelt und klingelt. Auf mein Winken reagiert er nicht. Ich rufe „Stopp". Es klingelt weiter.

Verdammt, das ist mein neuer Wecker oder vielmehr ein alter zum Aufziehen. Nix mehr Funkuhr oder Radiowecker mit Spracherkennung oder Bewegungsmelder. Nee, so wie früher – ganz früher! Mama hat eins der letzten Stücke im Supermarkt ergattert.

Ich muss mich beeilen, ab heute geht's mit dem Fahrrad in die Schule. Mir stehen locker 60 Minuten Strampeln bevor. Alles wegen dem neuen doofen Programm. Dass der Klimaschutz ins Grundgesetz aufgenommen wurde, klar, das musste sein. Schließlich sind darin unsere Lebensgrundlagen geschützt. Aber jetzt geht's ans Eingemachte: Bis 2020 soll der CO_2-Ausstoß in Deutschland um 40 Prozent verringert werden. Jetzt haben wir 2018 und nicht mal 20 Prozent sind geschafft. Tja, und da hat die Regierung das Programm 2 x 20 bis 2020 ins Leben gerufen und das tritt genau heute in Kraft. Für jeden Einzelnen ist der erlaubte Energieverbrauch haargenau festgelegt worden – und das pro Tag. Und er ist ziemlich niedrig angesetzt.

„Gibt es kein Toastbrot?", frage ich beim Frühstück. „Nein, das kostet zu viel Energie", ist die Antwort. Zum Glück ist Sommer, sonst würden wir wohl bei Kerzenschein frühstücken. Na ja, so kann ich vielleicht noch ein bisschen Zeit zum PC-Spielen für mich herauswirtschaften. Aber mehr als eine halbe Stunde wird sicher nicht rausspringen. Mist!

An allem sind die Alten schuld. Mein Opa erzählt mir immer, man habe nichts gewusst. Kann ich gar nicht glauben. Man sei früher mit dem Auto spazieren gefahren und die Autos hätten noch richtiges Benzin getankt – das muss man sich mal vorstellen! Fernsehen, Gameboy, Surfen im Internet, so viel man wollte. Und mit dem Flugzeug sind sie in den Urlaub geflogen, einfach nur so.

Und ich darf heute noch nicht mal meine elektrische Zahnbürste benutzen, na vielen Dank! Hitzefrei wurde abgeschafft, denn bei den Temperaturen hätten wir den Sommer komplett frei. Na ja, mit den Ferien ist das eh so eine Sache. Vier Wochen muss jeder von uns in ein Klimacamp. Da heißt es „Back to the roots", stromfreie Zone! Wir lernen Feuer machen mit Feuersteinen, bas-

teln Windräder und arbeiten an der Aufforstung des Waldes mit. Wir bauen heimisches Gemüse an und helfen bei der Obsternte. Das ist noch das Beste – Feigen schmecken nämlich echt gut.

Ich muss los. Ich stecke mir noch schnell meinen neuen Energiepass ein. In den muss ich eintragen, was ich alles an Energie verbrauche. Ich fange schon mal mit dem Frühstück an. Oha, mein heißer Tee kommt mich teuer zu stehen, morgen trinke ich Wasser. Ich sehe schon, das wird richtig hart.

Ein Fantasieszenario? Vielleicht, vielleicht aber auch nicht. Die Menschen müssen sich in den kommenden Jahren und Jahrzehnten auf Veränderungen im Alltag einstellen. Der Grund dafür ist der Klimawandel – wenn er verlangsamt oder gar gestoppt werden soll, müssen sie künftig vielleicht auf einige Dinge verzichten, die heute allen selbstverständlich sind. Wie weit das tatsächlich gehen wird oder ob die Klimaveränderungen überhaupt noch einzudämmen sind, sodass die Erde dauerhaft bewohnbar bleibt, kann noch niemand sagen.

Gibt es den Klimawandel?

Lange wurde über den Klimawandel gestritten. Gibt es ihn überhaupt? Oder ist das nur Panikmache? „Alles Quatsch" – sogar Wissenschaftler vertraten noch vor wenigen Jahren diese Meinung. Heute sieht das anders aus. Kaum einer bestreitet es mehr. Der Klimawandel existiert und er ist in vollem Gang. Wir Menschen haben ihn mit großer Wahrscheinlichkeit verursacht.

Was ist in den letzten 100 Jahren passiert? Das könnte man sich fragen. Menschen leben doch schließlich schon seit etwa 160 000 Jahren auf der Erde. Das ist richtig, aber in den letzten 100 bis 200 Jahren hat die Menschheit einen so massiven Entwicklungssprung gemacht, dass die Umstände nun ganz andere sind.

Am Anfang war alles ganz einfach: Jäger und Sammler, das war der Job der ersten Menschen. Ihr Leben und Überleben

waren von der Natur abhängig und sie passten sich an ihre
Lebensräume an. So blieb das viele Jahrtausende lang. Die Ur-
menschen waren unter den damaligen klimatischen Bedingungen – Trockenheit, Hitzewellen und extreme Kälte – so sehr
mit dem Überleben beschäftigt, dass es sehr lange dauerte,
bis es den Menschen gelang, sich etwas bequemer auf der
Erde einzurichten.

Vor ca. 10 000 Jahren stabilisierte sich das Klima langsam, und
zwar bei wärmeren Temperaturen. Damit wurde der nächste
Schritt in der Entwicklung des Menschen möglich. Im 11. bis
6. Jahrtausend v. Chr. wurden die Menschen sesshaft und fin-
gen an, Ackerbau und Viehzucht zu betreiben. Sie begannen,

die Natur für ihre Zwecke und zu ihrem eigenen Vorteil zu nutzen und zu beeinflussen. Diese Phase dauerte lange an, dabei wurde die Landwirtschaft immer weiter ausgebaut und organisiert. Man baute Städte, erfand die erste Schrift und prägte die ersten Münzen.

Die große Zeitspanne, in der diese Entwicklung stattfand, erklärt sich durch die unterschiedlichen klimatischen Bedingungen in den verschiedenen Regionen der Erde. In den fruchtbareren Regionen wie dem Nahen Osten gelang es den Menschen früher und erfolgreicher, ihr Leben zu verändern und die Umwelt ihren Bedürfnissen anzupassen, als im kälteren Europa.

Gegen Ende des 18. Jahrhunderts, Anfang des 19. Jahrhunderts kam die entscheidende Wende in der Entwicklungsgeschichte des Menschen: die Industrialisierung. Man spricht auch von der „industriellen Revolution".

Vor der Industrialisierung waren die Menschen beim Herstellen aller Gegenstände, die sie zum Leben benötigten, z. B. Kleidung oder Werkzeuge, auf die Arbeit ihrer Hände, also auf ihre eigene Kraft, angewiesen. Die Handwerker konnten nur einzelne Werkstücke für wenige Kunden fertigen und dafür benötigten sie viel Zeit.

Mit Beginn der Industrialisierung im 19. Jahrhundert wurden in Fabriken mithilfe neuer Technologien und Maschinen Massenprodukte hergestellt. Die Maschinen benötigten Brennstoff, nämlich Kohle. Die Entdeckung der vielfältigen Verwendungsmöglichkeiten der Kohle kann man als Ausgangspunkt der industriellen Revolution bezeichnen.

In England, dem Ursprungsland der industriellen Revolution, begann man im 16. Jahrhundert, anstelle von Holz, das weniger und damit teurer wurde, mit Kohle zu kochen und zu heizen. Die Kohle ermöglichte eine Reihe wichtiger Erfindungen. Die Dampfmaschine, die Wasserdampf in Energie umwandelt, entwickelte sich schnell zur wichtigsten Arbeitsmaschine. Dampfmaschinen trieben Pumpen, Walzen, Hämmer und Gebläse an.

Vor dem technischen Zeitalter zogen Pferde Kutschen und transportierten Personen und Güter. Die Schifffahrt war vom Wind oder von der Ruderkraft abhängig. Zur Verteilung der hergestellten Güter in der Industriegesellschaft wurden neue, schnellere Transportmittel benötigt. Es wurden sogenannte Dampfwagen gebaut, die mit Dampfmaschinen mithilfe
von Wasser-
dampf

angetrieben wurden. 1804 fuhr die erste Dampflokomotive auf Schienen.

Der motorisierte Verkehr, auf Schienen, Straßen und Wasserwegen, entstand und nimmt bis heute immer weiter zu. Das erste Elektrizitätskraftwerk der Welt wurde 1882 in Manhattan, USA, eröffnet. Natürlich stammte die Energie für die Stromerzeugung aus der Kohleverbrennung.

Im 20. Jahrhundert verlor die Kohle an Bedeutung. An ihre Stelle trat das Erdöl. Es war zwar schon lange bekannt, aber erst Mitte des 19. Jahrhunderts begann man wegen der Nachfrage nach günstigem Lampenbrennstoff nach großen Erdöllagerstätten zu suchen und das Öl systematisch zu fördern. Statt mit Kohle heizte man mit Heizöl. Es wurden Motoren entwickelt, die Benzin als Treibstoff nutzten, und ab 1886 baute man die ersten Kraftfahrzeuge mit einem Benzinmotor. Die Mehrzahl der Kraftfahrzeuge fährt bis heute mit Benzin.

Kohle und Erdöl sind sogenannte „fossile Brennstoffe"*, die aus großer Tiefe gefördert werden müssen. Sie wurden vor Jahrmillionen gebildet und sind Überreste von Pflanzen und Tieren, die sich – eng zusammengepresst – unter dem Druck der darüberliegenden Erd- und Gesteinsschichten

I Eines der ersten Autos 1886

in diese Brennstoffe verwandeln. Wir verbrauchen also Stoffe für die Energiegewinnung, deren Entstehung Millionen von Jahren gedauert hat. Das bedeutet, es ist nicht möglich, kurzfristig neue fossile Brennstoffe herzustellen, wenn die Vorräte einmal aufgebraucht sind. Öl ist seltener als Kohle und auch schwerer zu finden. Höchstwahrscheinlich sind die Ölvorräte der Erde schon in wenigen Jahrzehnten verbraucht. Deshalb kommt ein weiterer fossiler Brennstoff ins Spiel: Erdgas.

Erdgas entsteht ähnlich wie Erdöl aus abgestorbenen und abgesunkenen Kleinstlebewesen, z.B. Mikroorganismen[*]. Die vorhandenen Erdgasreserven sind größer als die Erdölvorräte und werden länger vorhalten. Zurzeit deckt Erdgas etwa 24 Prozent des weltweiten Energieverbrauchs. Wahrscheinlich gewinnt Erdgas als Brennstoff im 21. Jahrhundert weiter an Bedeutung. Es gibt bereits die ersten erdgasbetriebenen Autos. Vielleicht werden sie irgendwann die Benzin-Wagen verdrängen.

Treibhausgase

Bei der Verbrennung fossiler Brennstoffe entsteht unter anderem Kohlendioxid (CO_2). Dieses Gas gilt als besonders gefährlicher Klimakiller. Dabei wirkt sich CO_2 nicht grundsätzlich schädlich aus. Es entsteht bei jedem Atemzug. Menschen und Tiere atmen Sauerstoff ein und CO_2 aus. Die Pflanzen wiederum brauchen CO_2. Die Fotosynthese[*] ist ihre Methode, Zucker herzustellen, von dem sie leben. Mithilfe von Licht und Chlorophyll, d.h. Blattgrün, gewinnen sie Energie, indem sie

Wasser in Sauerstoff und Wasserstoff spalten. Dabei wird Sauerstoff als Abfallprodukt an die Luft abgegeben.

CO_2 kommt in unserer Atmosphäre also ganz natürlich vor und es hat als sogenanntes Treibhausgas eine große Bedeutung für unser Klima: Treibhausgase wie das CO_2 funktionieren wie das Glas eines Treibhauses. Sie lassen das Licht und damit die Wärme zwar zur Erde durchdringen, aber nicht wieder zurück ins All. Wenn die Treibhausgase in der Atmosphäre nicht einen Teil der Strahlung erneut zur Erde zurückwerfen würden, würde sie zu stark auskühlen und zu kalt für Lebewesen. Der Treibhauseffekt ist die Voraussetzung für das Leben.

Problematisch jedoch ist ein Zuviel an CO_2. Je mehr CO_2 in der Atmosphäre vorhanden ist, desto wärmer wird es auf der Erde. Zurzeit liegt der Kohlendioxid-Anteil in der Atmosphäre bei ca. 0,03 Prozent. Schon bei einem Anstieg auf ein Prozent würde die Oberflächentemperatur der Erde den Siedepunkt erreichen.

Die industrialisierte Welt produziert mehr CO_2, als wir auf der Erde gebrauchen können. Jedes Mal, wenn wir Auto fahren, das Licht einschalten, fernsehen oder Computer spielen, erzeugen wir CO_2 und sein Anteil in der Atmosphäre steigt an. Als wäre das nicht schlimm genug, ist das Kohlendioxid auch noch ein äußerst langlebiges Gas. Es bleibt ca. 100 Jahre in der Atmosphäre. Das bedeutet, dass das während der industriellen Revolution durch das Verbrennen fossiler Brennstoffe freigesetzte CO_2 zum größten Teil noch immer vorhanden ist. Was wir heute an CO_2 produzieren, wird noch die Atmosphäre unserer Enkel beeinflussen.

Vom Menschen erzeugtes CO_2 ist eindeutig Hauptverursacher der globalen Erwärmung – man schätzt den Anteil auf ca. 80 Prozent. Es gibt noch andere Treibhausgase; auch sie können, wenn sie in zu hoher Konzentration vorkommen, unsere Atmosphäre belasten und das Klima verändern.

Eines der wichtigsten Treibhausgase nach CO_2 ist Methan. Es speichert zwar 60 Mal mehr Wärmeenergie als CO_2, hält sich aber nicht so viele Jahre in der Atmosphäre. Methan wird unter anderem von Mikroorganismen erzeugt, die beispielsweise in stehenden Gewässern existieren. So entsteht beim Reisanbau in dem sauerstofflosen Wasser auf den überfluteten Reisfeldern Asiens Methan in großen Mengen.

Reisfeld in Thailand

Rinder sind harmlose, ungefährliche Tiere, stehen friedlich auf der Weide und fressen den lieben langen Tag. Außerdem sorgen sie für die Milch für Cornflakes, leckeren Käse und ein gelegentliches Rumpsteak.

Falsch gedacht. Rinder sind echte Klimakiller. Das Problem ist die Verdauung der Tiere. Ungefähr alle 40 Sekunden furzt jedes wiederkäuende Rind. So ein Rinderfurz besteht in der Hauptsache aus Methangas. In Deutschland werden ca. 13 Millionen Rinder gehalten, rund 1,4 Milliarden sind es auf der ganzen Erde. Im Jahresdurchschnitt bedeutet das in Deutschland allein 500 000 Tonnen Methan, weltweit sogar 80 Millionen Tonnen. Achtung! Auch Ziegen und Schafe pupsen Methan!

Ein weiteres wärmespeicherndes Treibhausgas ist Distickstoffoxid (Lachgas, N_2O). Es entsteht zum Beispiel durch die Verwendung von stickstoffhaltigen Düngemitteln in der Landwirtschaft. Hinzu kommen chemisch hergestellte Treibhausgase. Sie sind neben ihrer negativen Wirkung auf die Wärmeregelung außerdem mitverantwortlich für das Ozonloch. Fluorchlorkohlenwasserstoffe[*], kurz FCKW, wurden in den Siebzigerjahren für die Kühlsysteme von Gefriertruhen und Kühlschränken oder als Treibmittel für Spraydosen verwendet. Mittlerweile sind FCKWs verboten.

Die Bedeutung von Wasserdampf als Treibhausgas ist bislang nicht völlig geklärt. Zwar wissen die Forscher bereits, dass auch der Gehalt von Wasserdampf in der Atmosphäre in den

Was ist das Ozonloch?

Etwa 30 bis 40 Kilometer über der Erde befindet sich die sogenannte Ozonschicht. Ozongas filtert die kurzwelligen UV-Strahlen aus dem Sonnenlicht. Das ist enorm wichtig, denn diese Strahlen sind gefährlich, weil sie Hautkrebs bei Menschen und Tieren erzeugen können, gesundheitliche Schäden an den Augen verursachen und das Immunsystem schwächen. Chlorhaltige Chemikalien, sogenannte FCKWs (Fluorkohlenwasserstoffe), wie sie z. B. früher in Spraydosen verwendet wurden, verwandeln Ozon in normalen Sauerstoff. Die gefährliche Strahlung erreicht ohne die schützende Ozonschicht ungehindert die Erdoberfläche. Durch derartig gefährliche Chemikalien ist das sogenannte Ozonloch entstanden. Man darf sich allerdings nicht wirklich ein Loch vorstellen, sondern eine starke Ausdünnung der Ozonschicht über dem Nord- und stärker noch über dem Südpol. Das hat auch das Abschmelzen der Pole zur Folge. Das Ozonloch wurde 1985 entdeckt. 1987 beschloss die Mehrzahl der Regierungen der Welt im Protokoll von Montreal die Abschaffung der schädlichen Chemikalien. Diese Maßnahme hatte Erfolg. Messungen zeigen, dass die Zerstörung zwischen 1996 und 2002 nicht fortgeschritten ist. Wissenschaftler sind optimistisch, dass die Ozonschicht in ein paar Jahrzehnten vollständig wiederhergestellt sein wird. Bei Hitze, starker Sonneneinstrahlung im Sommer und Luftverschmutzung zum Beispiel durch Autoabgase entsteht Ozonsmog. Bodennahes Ozon beeinträchtigt die Gesundheit von Menschen, Tieren und Pflanzen. Deshalb gibt es bei hohen Ozonwerten eine Ozonwarnung. Es wird empfohlen, tagsüber körperlich anstrengende Tätigkeiten im Freien zu vermeiden. Besonders Kinder und alte Menschen sind gefährdet und sollten vor allem während der Mittagszeit nicht ins Freie gehen.

letzten 50 Jahren dramatisch angestiegen ist und dass dieser Stoff vermutlich eine wichtige Rolle bei der Erwärmung der Erde spielt, aber Genaueres kann man zurzeit nicht sagen. Während einige Forscher in ihm sogar den Klimakiller Nr. 1 sehen, glauben andere, dass Wasserdampf nur für die natürliche Erwärmung zuständig ist, die wir zum Leben brauchen. Durch den Wasserkreislauf aus Verdunstung, Wolkenbildung und Regen sorgt Wasserdampf auch für Abkühlung. Derzeit ist noch nicht endgültig geklärt, inwieweit sich diese Mechanismen gegenseitig aufheben.

Die größte Gefahr für das Klima ist aus Sicht vieler Forscher das vom Menschen in die Atmosphäre gepustete CO_2 – dieses Problem muss dringend gelöst werden. Der ausgeglichene Regelkreislauf zwischen Erwärmung durch CO_2 und Abkühlung durch Regen ist ein empfindliches System. Wenn langfristig mehr CO_2 in die Atmosphäre abgegeben wird, als der Regen wieder herauswaschen kann, ist die Erwärmung der Erde nicht mehr aufzuhalten.

Eines der wichtigsten Gegenmittel gegen zu viel CO_2 sind Pflanzen allgemein, insbesondere pflanzliche Mikroorganismen (Phytoplankton) der Meere und die Regenwälder der Tropen. Phytoplankton und Bäume nehmen Kohlendioxid auf und geben Sauerstoff ab. Das CO_2 verarbeiten sie für den Aufbau ihres Körpers. Doch auf der ganzen Welt werden mehr und mehr Wälder gerodet. Diese Entwaldung trägt ebenfalls zum Treibhauseffekt bei. Die Rodung des tropischen Regenwalds beeinflusst das Klima negativ, weil der Regenwald entscheidend zur Senkung des Kohlendioxidgehalts in der Erdatmosphäre beiträgt. Koh-

Der Regenwald ist für das Klima auf der Erde sehr wichtig.

lendioxid wird hier von den Pflanzen in großen Mengen aufgenommen und entsprechend viel Sauerstoff wird abgegeben. Wird der Regenwald vernichtet, verlieren wir ein wichtiges, natürliches Mittel zur Regulation des CO_2-Gehaltes auf der Erde. Durch Aufforstung versucht man, dem Treibhauseffekt und der globalen Erwärmung entgegenzuwirken. Das ist vor allem deshalb sinnvoll, weil junge, wachsende Wälder viel Kohlenstoff binden. Alte Wälder befinden sich im Gleichgewicht und binden nicht so viel CO_2. Das liegt daran, dass sie auch CO_2 freisetzen, wenn alte Bäume verrotten.

Viel Kohlendioxid wird auch in den Meeren gespeichert. Das Treibhausgas kann gelöst bis in eine Tiefe von 4500 Metern absinken. Damit kommt den Meeren eine große Bedeutung als CO_2-Speicher zu. Bleibt die Konzentration des CO_2 in einem bestimmten Rahmen, hat es in den Weiten der Meere keine große Wirkung. Ist jedoch zu viel Kohlendioxid im Wasser gelöst, werden die Meere immer saurer. Das birgt große Gefahren für die Pflanzen- und Tierwelt.

Die Erde erwärmt sich, das ist Fakt. Einer der Hauptverursacher sind wir, die Menschen. Auch das steht fest. Wir sind zu viele und wir werden immer mehr. 2005 lebten 6,4 Milliarden Menschen auf der Erde. 1920 waren es nur ca. 1,8 Milliarden. Wissenschaftler sagen voraus, dass bis 2050 die Zahl der Weltbevölkerung auf etwa neun Milliarden steigen wird. Dabei hat sich nicht nur die Anzahl der Menschen vervielfacht, auch der Energieverbrauch pro Kopf ist gestiegen. Viele Länder wie z. B. China mit seinen 2005 gezählten 1,3 Milliarden Einwohnern

beginnen erst jetzt mit einer umfassenden Industrialisierung.
Der Bau von zahlreichen neuen Kohlekraftwerken ist geplant.
Der technische Fortschritt, all die neuen Errungenschaften vom
elektrischen Strom über das Auto bis zum Computer lassen
sich nicht mehr wegdenken. Aber all das, was uns in unserer Entwicklung immer weiter vorangebracht hat und weiter voran-
bringt, gefährdet gleichzeitig unsere Existenz. Damit sind wir
und eine Vielzahl Tierarten die eigentlich Leidtragenden des
Klimawandels.

Alles kaputt!?

Expeditionstagebuch vom Forschungsschiff Polarstern

Donnerstag, 13. Dezember 2007
Polarstern: Freudige Anspannung
Autor: Myriam Schüller, Ruhr-Universität Bochum,
Teilnehmerin an einer Expedition mit dem
deutschen Forschungsschiff Polarstern des Alfred-
Wegener-Instituts für Polar- und Meeresforschung

Heute ist der fünfte Tag, seit wir uns durch das See-Eis
schlagen. In der letzten Nacht haben wir eine Durch-
schnittsgeschwindigkeit von 6,2 Knoten gemacht und

langsam, aber sicher nähern wir uns der Deutschen Forschungsstation Neumayer. Die freudige Anspannung unter uns ist deutlich zu spüren, denn mit der Ankunft dort rückt die Stunde näher, in der wir das Schiff verlassen und für einen Tag die Eisflächen unsicher machen dürfen. 53 Biologen, Ozeanografen, Geologen, Chemiker und Meteorologen werden auf die unberührte Natur der Eiswelt losgelassen. Und je heftiger die Eisschichten um uns werden und damit die Kollisionen des Schiffes mit undurchdringlichen Eismassen, je stärker der zwischenzeitliche Schneefall und je häufiger die Sichtung von Krabbenfressern (eine hier heimische Robbenart) und Kaiserpinguinen, desto mehr kribbelt der rechte Zeigefinger über dem Abdruck der Fotoapparate.

So einfach aus dem Schiff klettern und über das Eis laufen dürfen wir natürlich nicht. Zum einen birgt die Antarktis viele Gefahren für den Menschen, zum anderen (und das ist sicherlich noch viel wichtiger) tragen wir eine große Verantwortung für die Natur um uns herum. Bereits vor zwei Tagen haben wir einen ausführlichen Bericht unseres Schiffsarztes erhalten, über Gefahren im ewigen Eis. Von Sonnenbränden über Schneeblindheit, Erfrierungen, Orientierungsverlust hin zu sich plötzlich auftuenden Eisspalten und überraschenden Unwettern sind wir über alles informiert, gewarnt und aufgeklärt worden und kennen jetzt hoffentlich alle Verhaltensregeln, die unser Überleben an Land sichern.

Von Bord dürfen wir alleine durch diese Einweisung aber noch lange nicht. Deutschland hat neben vielen anderen Ländern ein internationales Gesetz zum Schutz der Antarktis unterschrieben und damit auch zum Schutz der Gewässer südlich von 60° südlicher Breite. In einer gestrigen Einweisung haben wir erfahren, wie wir Abfälle zu entsorgen haben, wie weit wir uns Tieren nähern dürfen, dass wir keine Tiere und Pflanzen einführen dürfen, die seltenen Pflanzen und Tiere auf dem Land nicht anfassen sollen und noch vieles mehr. Gerade der Schutz der Flora und Fauna ist in der Kälte der Antarktis von großer Wichtigkeit, da der Stoffwechsel der Organismen durch die niedrigen Temperaturen stark verlangsamt ist, und sowohl das Wachstum länger dauert als auch die Regeneration nach Verletzungen und Anstrengungen. Jetzt sind wir alle hoffentlich bestmöglich vorbereitet.

Ich kann es kaum erwarten, einmal eine Eisscholle betreten zu dürfen – ich frag mich, ob das schaukelt. Wahrscheinlich eher nicht ... Auf jeden Fall werde ich über Nacht meinen Fotografierfinger schön warm halten und mir im Geiste noch einmal die Position des Auslösers vor Augen führen. Dann kann morgen nichts mehr schiefgehen, wenn mir der erste Pinguin über den Weg watschelt (natürlich in mindestens 5 m Abstand).

Überall wird geforscht, um den Klimawandel und die damit verbundenen Auswirkungen zu beschreiben und zu erwartende Entwicklungen vorauszuberechnen. Die Forschungsprojekte der Polarexpeditionen und Polarstationen haben unter anderem das Ziel, das Klima noch besser zu verstehen und damit besser schützen zu können.

Vom 28. November 2007 bis 4. Februar 2008 war das Forschungsschiff Polarstern vom deutschen Alfred-Wegener-Institut für Polar- und Meeresforschung im antarktischen Südozean unterwegs. Ein Ziel der Expedition, der auch Myriam Schüller angehörte, ist es, die physikalischen und biologischen Prozesse von Meeresströmungen wie dem antarktischen Zirkumpolarstrom besser zu begreifen, die für das Klimageschehen der Erde eine herausragende Rolle spielen. Der antarktische Zirkumpolarstrom ist eine mehrere Hundert Kilometer breite Meeresströmung rund um den antarktischen Kontinent, der alle großen Ozeane miteinander verbindet. In dieser Meeresströmung südlich des Atlantischen Ozeans binden Planktonalgen durch ihr Wachstum im Sommer erhebliche Mengen des Klimagases Kohlendioxid (CO_2) und entziehen es dadurch der Atmosphäre. Absinkende Algen transportieren den Kohlenstoff dann auf den Meeresboden der antarktischen Tiefsee.

Die Ergebnisse der Erforschung dieser komplexen Wechselwirkungen sollen helfen, das vergangene, gegenwärtige und zukünftige Klima besser zu verstehen.

Wie sehen die Folgen des Klimawandels aus?

Wenn man das so genau wüsste! Die Klimaforschung erhebt eine Vielzahl von Daten und Messergebnissen, die verglichen und bewertet werden. Das ist nicht unproblematisch, weil die Forscher die ermittelten Daten unterschiedlich deuten und dadurch verschiedene Modelle für die Zukunft entwickeln. Manches lässt sich aber jetzt schon feststellen. Die Prognosen für die nächsten 100 Jahre sind die sichersten. Aber manche Forscher möchten sogar die Entwicklung der Zukunft in mehr als 100 000 Jahren voraussagen. Darüber hinaus gibt es mit Sicherheit auch Auswirkungen, die zurzeit noch gar nicht abzusehen sind. Hier soll nur einiges benannt werden, was sich jetzt schon abzeichnet und ein Bild der Situation heute und in der nahen Zukunft vermittelt.

Die verschiedenen Regionen der Erde werden unterschiedliche klimatische Veränderungen erleben.

Wirbelstürme in Amerika

In Nord- und Mittelamerika gibt es schon seit langer Zeit und vor allem derzeit öfter Wirbelstürme. Ende der Neunzigerjahre waren es doppelt so viele wie im Jahresdurchschnitt des 20. Jahrhunderts. Sie sind nicht nur häufiger, sondern auch stärker geworden und richten oft große Schäden an. 2005 verwüstete zum Beispiel der schreckliche Hurrikan Katrina die amerikanische Stadt New Orleans. In den nächsten hundert Jahren sol-

I New Orleans nach dem Hurrikan Katrina

len die Zahl der Stürme und ihre Stärke weiter zunehmen, denn
die Entstehung solcher Naturkatastrophen wird vom warmen
Wasser in den Ozeanen begünstigt.

So erlebt die US-Bevölkerung die Klimaerwärmung nicht mehr
als etwas, was sich erst in Jahrzehnten oder Jahrhunderten
bemerkbar machen wird, sondern als reale Bedrohung in der
Gegenwart. Dazu gehört auch die Zunahme der Waldbrände.
Seit 1970 hat sich ihre Zahl in den USA jährlich vervierfacht.
Forscher erklären die gestiegene Anzahl der oft verheerenden
Brände mit den gestiegenen Temperaturen und der Schnee-
schmelze, die immer früher im Jahr einsetzt. Beides führt zu
größerer Trockenheit und erhöhter Feuergefahr.

Wie entsteht ein Hurrikan?

Wirbelstürme entstehen über tropischen Meeren. Riesige
Wassermengen verdunsten über dem Ozean. Der Dampf
steigt nach oben. An der Wasseroberfläche wird Luft nachge-
saugt. Die von den Seiten nachströmende Luft beginnt, sich
zu drehen. Etwas Ähnliches kann man beobachten, wenn
Wasser beispielsweise aus der Badewanne in einen Abfluss
fließt: Es entsteht ein trichterförmiger Wirbel. In der Mitte
des Wirbelsturms, dem Auge des Hurrikans, ist es vollkom-
men ruhig. Um die Mitte kreisen gewaltige Winde mit einer
Geschwindigkeit von bis zu 300 Kilometern in der Stunde.
Sie können je nach Stärke große Sturmschäden, Sturm-
fluten, Überschwemmungen und Erdrutsche verursachen.

Erst seit kurzer Zeit findet das Problem des Klimawandels in
den USA Beachtung. Der prominenteste amerikanische Für-
sprecher für den Klimaschutz ist der ehemalige US-Vizepräsident Al Gore, der sich in einer medienwirksamen Kampagne
weltweit für die Bekämpfung der Klimakrise engagiert. Dafür
erhielt er 2007 den Friedensnobelpreis.

Unruhige Zeiten in Europa

Extreme Wetterverhältnisse und daraus resultierende Naturkatastrophen, wie sie in Amerika vorkommen, scheinen für
uns Europäer weit weg zu sein und man kann sie sich nicht rich-

Das Elbhochwasser 2002 überflutete Schloss Pillnitz in Sachsen.

tig vorstellen. Erste Anzeichen einer Klimaänderung sind aber auch bei uns für jeden erkennbar. Auch in Europa gab es außergewöhnliche Stürme wie z. B. im Januar 2007 den Orkan Kyrill, der in Deutschland wütete. Bei uns gibt es statistisch gesehen nicht mehr Stürme als früher, aber ihre Heftigkeit hat zugenommen. Die Hochwasser infolge von Stürmen sollen in 50 Jahren durchschnittlich einen halben Meter höher steigen als heute. Entsprechend müssen die Küstenschutzmaßnahmen verstärkt und Deiche erhöht werden.

Im Winter gibt es in Mitteleuropa nur noch selten Gelegenheit zum Schlittenfahren, Schnee fällt in vielen Jahren nur noch in den Bergen und auch da wird er knapp.

Durch die Erwärmung haben einige Gletscher in den Alpen schon etwa 50 Prozent ihrer Masse verloren. Die Gletscherschmelze hat zu einem Anstieg der Meeresspiegel im letzten Jahrhundert beigetragen. Das bedroht natürlich wiederum die Küstengebiete in aller Welt. Zunächst gibt es zu viel Wasser, weil die Eisvorräte verbraucht werden. Wenn die Gletscher jedoch vollständig abschmelzen und als Wasserreserve nicht mehr vorhanden sind, werden viele Flüsse austrocknen und der Grundwasserspiegel sinken.

In den Wintermonaten regnet es häufiger und stärker, es kommt zu Stürmen und Überschwemmungen. In England haben sich

Ist bald rund ums Jahr Badewetter in Deutschland?

die Tage mit starken Niederschlägen im Winter im Vergleich von 1960 zu 1990 verdoppelt. Diese Veränderungen sind ohne den Einfluss des Menschen nicht oder nur schwer zu erklären. Die Zahl schwerer Überschwemmungen vermehrte sich im 20. Jahrhundert. Dieser Trend wird sich im 21. Jahrhundert fortsetzen. 2002 sprach man beim Elbehochwasser in Deutschland wegen des extremen Ausmaßes von einer Jahrhundertflut. Aber 2006 kam es wieder zu einer Flutkatastrophe und teilweise stieg das Wasser sogar noch höher als 2002.

Im Sommer gibt es Hitzerekorde, d. h. viele Tage mit über 30 Grad Wärme und Höchstwerten von über 40 Grad. Besonders heiß war der sogenannte Jahrhundertsommer in Deutschland 2003. Insgesamt waren die letzten zehn Jahre des 20. Jahrhunderts die wärmsten, die jemals gemessen wurden.

Besonders gefährdet: Afrika

Afrika besteht in seinen tropischen und subtropischen Trockenklimazonen überwiegend aus Wüste und Steppe. Durch den Klimawandel sind diese Gebiete von anhaltender Dürre bedroht und das Wasser wird knapp. Die Wüste Sahara wächst. Fruchtbares Land wird zur Steppe. Neue Wüsten entstehen. In der afrikanischen Sahelzone, die sich südlich der Sahara befindet, herrscht bereits seit den Sechzigerjahren Dürre. Lange hat man den Bewohnern der Sahelzone, den Hirten, vorgeworfen, dass sie zu viele Kamele, Ziegen und Rinder gehalten und dadurch den Boden geschädigt haben. Angeblich konnten sich

I Dürre in der Sahelzone

dadurch keine Regenwolken mehr bilden. Heute gehen die Wissenschaftler jedoch davon aus, dass der Klimawandel für die anhaltende Dürre verantwortlich ist.

Klimaforscher haben das Regenaufkommen der Region untersucht und mit Computermodellen simuliert. Die Wolken für den Monsunregen in der Sahelzone bilden sich über dem Indischen Ozean. Aber auch die klimatischen Bedingungen im Indischen Ozean haben sich verändert und die notwendigen Voraussetzungen für den Monsunregen haben sich verringert.

Die Dürre hat zur Folge, dass sich die Bevölkerung in Teilen Afrikas kaum noch selbst ernähren kann. Die Vereinten Nationen

(UNO), ein weltweites Staatenbündnis, versorgen beispielsweise bereits ein Sechstel der Bevölkerung im Sudan mit Lebensmitteln und ein Ende der Not ist nicht in Sicht.

Klimaänderungen in Asien

Bangladesch in Südasien am Indischen Ozean ist eines der ärmsten und am dichtesten besiedelten Länder der Welt. Ca. 140 Millionen Einwohner leben auf einer Fläche, die weniger als halb so groß wie Deutschland ist, das ca. 83 Millionen Einwohner hat. Rund zehn Millionen Menschen in Bangladesch leben in Regionen, die weniger als einen Meter über dem Meeresspiegel liegen. Ein Anstieg des Meeresspiegels würde bewohnte Gebiete unter Wasser setzen und riesige Gebiete zum Risikogebiet für Fluten machen. Viele Menschen sind in Gefahr, ihren gesamten Besitz oder sogar ihr Leben zu verlieren.

Das Land ist stark gefährdet und hat als armes Land kaum Möglichkeiten der Anpassung. Die nötigen Gelder für ein Deichbauprogramm sind nicht aufzubringen.

Doch nicht nur die Küstenregionen im Süden Asiens sind bedroht. In Sibirien im hohen Norden hat sich das Klima in den letzten 30 Jahren um etwa drei Grad erwärmt. Die großen Wälder und Sümpfe von Tundra* und Taiga^ reagieren empfindlich auf die Veränderungen des Klimas. In riesigen Gebieten Sibiriens ist der Erdboden bis in eine Tiefe von über 1000 Metern dauerhaft gefroren. Diese Dauerfrostböden tauen jetzt. Gebäude und Straßen wurden gebaut, als der Boden höchstens oberflächlich auftaute. Heute weicht der Boden im Sommer auf, Gebäude geraten ins Rutschen, Mauern stürzen ein und in den Straßen entstehen Löcher, weil das Eis darunter schmilzt und Hohlräume entstehen.

Auch die Landschaft verändert sich. Aufgetaute Böden verwandeln sich in Seen und Sümpfe. Aber vor allem werden beim Tauen des sogenannten Permafrostbodens große Mengen des Treibhausgases Methan freigesetzt, die den Klimawandel verstärken.

Den Permafrostboden gibt es überall dort, wo die Temperaturen auch im Sommer nicht über 0 Grad Celsius ansteigen, wie in Sibirien oder auch in Alaska, Nordkanada und Grönland. Bis vor einiger Zeit interessierten sich nur wenige Menschen für gefrorene Erde, aber mittlerweile glauben viele Forscher, dass sich im Permafrost ein gefährlicher Klimakiller verbirgt. Permafrostboden enthält eine Menge Pflanzenmaterial und Bakterien, die sich von den pflanzlichen Resten ernähren und als Abfallprodukt Methan erzeugen. Solange es kalt ist, ruhen die Bakterien im Eis. Erwärmt sich jedoch das globale Klima durch den CO_2-Ausstoß und beginnt der Permafrost zu tauen, werden die Bakterien aktiv, vermehren sich und produzieren jede Menge Methan. Unglücklicherweise ist Methan ein viel extremeres Treibhausgas als Kohlendioxid. Man geht heute davon aus, dass seine Wirkung 23 Mal stärker ist als die von CO_2. Das Gefährliche am Auftauen des Permafrosts ist, dass man den Prozess ab einem bestimmten Punkt wahrscheinlich nicht mehr stoppen kann. Sobald eine kritische Menge Methan freigesetzt ist, wärmt sich die Erde immer weiter auf. Wie ein einzelner Dominostein eine lange Kette von Steinen umwerfen kann, führt die von uns beschleunigte Erwärmung der Erde möglicherweise zu einer katastrophalen Kettenreaktion: CO_2 erwärmt die Atmosphäre und taut einen Teil des Permafrosts auf, Methan wird freigesetzt und erwärmt die Atmosphäre weiter. Noch mehr Permafrost taut auf und so weiter und so weiter … Und genau wie bei den Dominosteinen passiert alles viel schneller als gedacht. Die Folgen kann heute noch niemand abschätzen.

Trockenheit in Australien

Australien ist schon heute der trockenste Kontinent der Erde. Seit 2001 hat es kaum geregnet – die schlimmste Dürreperiode seit mehr als 100 Jahren. In fast allen großen Städten muss das Trinkwasser rationiert werden. Durch den Temperaturanstieg wird auch hier eine Häufung von Stürmen vorhergesagt. Es besteht die Gefahr, dass sie die alljährlich auftretenden Buschfeuer kräftig anfachen und stärker als bisher in die Vorstädte treiben.

Das Great Barrier Reef in Australien ist mit einer Länge von gut 2 300 Kilometern das größte Korallenriff der Welt. Umweltexperten warnen vor der Zerstörung des Unterwasser-Paradieses. Von den Ökosystemen der Meere sind besonders die Korallenriffe gefährdet. Die Erwärmung des Meerwassers und seine Über-

I **Buschfeuer bei Sydney, 2002**

säuerung führen zum Ausbleichen der Korallen und langfristig zu ihrem Absterben. Korallenriffe sind Lebensraum für eine Vielzahl von Pflanzen und Tieren. Mehr als 1 500 Fischarten leben beispielsweise im Great-Barrier-Riff. Sterben die Korallen, ist die Nahrungskette gestört und die Fische sind ebenfalls gefährdet.

Was passiert mit den Meeren?

Die Eisdecken an den Polen schmelzen. Vor allem in Grönland und im Westen der Antarktis misst man starke Veränderungen. Dies hat unter anderem Auswirkungen auf den Meeresspiegel, der stetig ansteigt. In den letzten Jahrzehnten stieg der

Das Treibeis schrumpfte in den vergangenen 30 Jahren um sechs bis sieben Prozent.

Meeresspiegel zehn Mal schneller als in den letzten Jahrtausenden: jedes Jahr 1–2 mm. Seit Mitte der Neunzigerjahre sind es sogar 3 mm jährlich.

Die Eisschmelze ist nicht die einzige Ursache. Die Dichte von Wasser sinkt, wenn es wärmer wird. Dadurch nimmt das Volumen des Wassers zu, es dehnt sich aus. Da die Ozeane in einer Art Becken „zwischen" den Kontinenten liegen, steigt der Meeresspiegel. Für jeden Zentimeter, den das Meer ansteigt, geht etwa ein Meter an Küstenland an das Meer verloren.

Durch das Abtauen der Pole steht mehr Wasser zur Verfügung. Meere und Ozeane dehnen sich aus. Auf dieser größeren Oberfläche kann mehr Wasser verdunsten und gelangt so in den Wasserkreislauf. Wie sich das auswirken wird, ist kaum vorhersehbar. Wolken könnten durch die größere Regenmenge

früher abregnen. Auf diese Weise wird es an manchen Orten in der Zukunft möglicherweise viel und an anderen überhaupt nicht regnen. In den Regionen, wo es keine Aussicht auf Regen gibt, werden keine Menschen, Tiere oder Pflanzen mehr leben können. Denn es wird sich nicht um eine vorübergehende Dürreperiode handeln, der Regen wird nicht wiederkommen.

Weltweite politische und wirtschaftliche Folgen des Klimawandels

Die Klimakrise kann Ursache von Konflikten werden. Dabei wird es dann nicht um Erdöl, Macht oder unterschiedliche Weltanschauungen, Religionen und Ideologien gehen, sondern um einfachste Bedürfnisse wie Trinkwasser und Grundnahrungsmittel. In Regionen, wo die Lebensbedingungen durch den Klimawandel stark beeinträchtigt werden, z. B. durch Wasserknappheit, oder wo durch den Anstieg des Meeresspiegels Land verloren geht, werden die Menschen in weniger betroffene Gebiete fliehen. Es ist eine weltweite Wanderungsbewegung von Umweltflüchtlingen zu erwarten.

Die Landwirtschaft ist unmittelbar vom Klima abhängig. Wir müssen damit rechnen, dass sich die landwirtschaftlichen Möglichkeiten in den gemäßigten und kühleren Klimazonen verbessern und in den tropischen und subtropischen Gebieten verschlechtern. Das bedeutet, dass sich die Lage vieler armer Länder, die sich in der Mehrzahl in den tropischen und subtropischen Gebieten befinden und bereits heute von Hungersnöten betroffen sind, weiter verschlimmern wird.

I **Hunger in Äthiopien, Afrika**

Generell werden die Bevölkerungen der ärmsten Länder am meisten unter der Klimakrise leiden – unfairerweise, denn diese Gebiete ohne nennenswerte Industrie haben am wenigsten dazu beigetragen, das Klima aus dem Gleichgewicht zu bringen. Wie stark ein Land durch den Klimawandel belastet ist, hängt nicht nur davon ab, wie stark es Klimaänderungen ausgesetzt ist, sondern auch davon, ob es notwendige Veränderungen durchführen kann, um die Folgen abzumildern. Ausschlaggebend ist, ob genug Geld und auch technische Möglichkeiten vorhanden sind, um z. b. Ernteausfälle auszugleichen und die Landwirtschaft an die neuen klimatischen Bedingungen anzupassen, effizientere Maschinen einzusetzen oder Deiche für den Küstenschutz zu bauen. Eine Vielzahl afrikanischer Staaten, aber auch viele Länder in Asien sind wirtschaftlich nicht in der Lage, sich vor den Folgen der Klimakrise zu schützen.

Gesundheitsgefährdung

Das Auftreten von Wetterextremen wie z. B. Hitzewellen hat gesundheitliche Folgen. Hitzebedingte Herz-Kreislauf-Erkrankungen nehmen zu. Die Zahl der Hitzetoten wird steigen.
Eine weltweite Erhöhung der Temperaturen begünstigt aber auch die Entstehung von Krankheitserregern. Durch die globale Erwärmung vergrößern sich die Verbreitungsgebiete von Krankheitsüberträgern wie z. B. Stechmücken als Überträger von Malaria oder Zecken. Übertragbare Infektionskrankheiten breiten sich schneller aus.

Was passiert mit den Tieren?

Tiere auf allen Kontinenten sind von den klimatischen Verän-
derungen betroffen. Anpassungsfähige Tiere haben bessere
Überlebenschancen. Vom Aussterben bedroht sind in erster
Linie einseitig auf einen Lebensraum spezialisierte Tiere.

2007 war der kleine Eisbär Knut, der
im Berliner Zoo geboren wurde, ein
echter Weltstar. Jeder wollte das süße
Eisbärbaby sehen. Wäre er nicht im
Zoo geboren worden, hätte der kleine
Knut aber nur eine sehr geringe Über-
lebenschance gehabt. Es ist schön,
wenn es gelingt, Eisbären im Zoo er-
folgreich zu züchten, aber sie sollten
nicht nur noch als Zootiere auf der
Erde vorkommen, sondern in ihrem
natürlichen Lebensraum in der Arktis
erhalten werden. Eisbären gehören

aber zu den Tierarten, die durch den Klimawandel vom Aussterben bedroht sind. Der Eisbär auf der schmelzenden Eisscholle steht sinnbildlich für die durch die Erderwärmung be-
drohten Tiere.

Warum ist besonders der Eisbär so gefährdet? Der Winter ist
die Zeit, in der die Eisbären ihr Hauptbeutetier, die Robben, jagen können. Bei geschlossener Eisdecke müssen die Robben
an Eislöchern auftauchen, um zu atmen. Hier lauern die Eis-

bären auf ihre Beute. Ohne Packeis können die Eisbären nicht zu den Jagdgebieten der Robben wandern und ohne die Robben als Nahrung können sie keine Fettreserven anlegen. Da die Winter immer wärmer werden, ist auch die Futtersaison zu kurz. Die Bären finden nicht mehr genügend zu fressen. Die hungernden Weibchen bekommen weniger Junge. Sie bringen ihre Jungtiere in Höhlen, die sie aus Schnee bauen, zur Welt. Diese drohen bei zunehmenden winterlichen Regenfällen einzustürzen und die Tiere unter sich zu begraben. Das frühe Aufbrechen des Eises kann die Winterquartiere von den Nahrungsquellen abschneiden. Die Jungen können noch nicht so weite Strecken schwimmen und verhungern.

Robben, die Beutetiere der Eisbären, sind ebenfalls bedroht. Auch sie brauchen das schwindende Packeis für Geburt und Aufzucht ihres Nachwuchses. Weniger Robben bedeuten weniger Eisbären.

Das Dominospiel geht aber noch weiter. Frisst ein kräftiger Eisbär eine Robbe, lässt er genug Fleisch übrig, wovon sich wiederum andere Tiere der Arktis wie der Polarfuchs oder bestimmte Möwenarten ernähren. Ist die Nahrungskette gestört, sind die Tiere des gesamten arktischen Ökosystems betroffen. Die Fische, ebenfalls ein wichtiger Bestandteil dieser Nahrungskette, sind auch bedroht. Mit dem Schmelzwasser vom Eis an den Polen gelangen große Mengen Süßwasser in die Ozeane, der Salzgehalt sinkt, das Wasser wird gleichzeitig wärmer. Daran sind die dortigen Fischarten nicht gewöhnt. Viele Fische sind an der Grenze ihrer Anpassungsfähigkeit angelangt.

Zu den ersten Opfern der Klimaerwärmung zählen die Amphibien wie Frösche, Kröten und Lurche. Amphibien sind auf Wasser angewiesen. Sie verbringen ihre ersten Lebensphasen als Laich oder Kaulquappen ausschließlich im Wasser und atmen mit Kiemen. Erst als ausgewachsene Tiere können sie auch an Land leben, bevorzugen aber zumindest feuchte Lebensräume. Spätestens für Paarung und Eiablage benötigen sie wiederum ein stehendes Gewässer. Trocknen Gewässer oder Feuchtgebiete aus, ist ihre Lebensgrundlage zerstört und sie sind kaum in der Lage, neue Lebensräume zu suchen, weil sie weniger mobil sind als andere Tierarten, z. B. Vögel oder Insekten. Amphibien überwintern in kleineren Gewässern. Wenn diese infolge fehlender Niederschläge im Winter bis zum Grund gefrieren, erfrieren die Tiere.

Parasiten, z. B. Pilze, wachsen und verbreiten sich besonders gut in feuchtheißem Klima. Pilzinfektionen gefährden die Amphibien. In Deutschland ist z. B. der Feuersalamander von der tödlichen Pilzinfektion Chytridiomykose bedroht.

Auch das Ozonloch wirkt sich negativ aus. Laich und Brut sind verstärkter UV-Strahlung ausgesetzt. Dadurch werden Wachstum und Entwicklung der Amphibien beeinträchtigt.

Bei den Reptilien, z. B. Schlangen, Schildkröten oder Krokodilen, wirken sich die steigenden Außentemperaturen auf ihr Geschlechterverhältnis aus. Das Geschlecht der Tiere ist abhängig von der Temperatur der Sonne, durch deren Wärme die Eier ausgebrütet werden. So schlüpfen aus den Eiern der Europäischen Sumpfschildkröte bei Temperaturen unter 28 Grad Celsius nur Männchen, bei über 29,5 Grad nur Weibchen. Nur in der kleinen Temperaturspanne zwischen 28 und 29,5 Grad kommt es zu einer ausgewogenen Mischung aus männlichen und weiblichen Tieren. Bleibt die Temperatur dauerhaft hoch, sterben zunächst die männlichen Schildkröten aus und damit nach und nach die gesamte Art.

Umweltauswirkungen

Eine der bereits sichtbaren Folgen des Klimawandels ist die zeitliche Veränderung bei Beginn und Dauer der Jahreszeiten. Der Frühling beginnt bis zu zwei Wochen früher. Das hat natürlich Auswirkungen auf Tiere, z. B. Zugvögel, aber auch Pflanzen. Blüte und Blattentfaltung beginnen ebenfalls ein paar Tage früher. Der Herbst dagegen fängt ein paar Tage später an. Auch das Laub färbt sich entsprechend später. Der Klimawandel bringt zahlreiche Veränderungen für die Pflanzenwelt mit sich. Auch hier gilt, dass flexible Arten bessere Überlebenschancen haben als spezialisierte Pflanzen.

Entscheidend wird nicht nur sein, wie gravierend das Ausmaß der Klimaänderungen ist, sondern auch wie schnell sich der Klimawandel vollzieht. Menschen, Tiere und Pflanzen brauchen Zeit zur Anpassung, dann haben sie eine bessere Chance, sich auf die veränderten Lebensbedingungen einzustellen. Der menschengemachte Klimawandel vollzieht sich aber in atemberaubender Geschwindigkeit, verglichen mit den Jahrtausenden, in denen sich in vergangenen Erdzeitaltern das Klima veränderte. Damit sind viele Lebewesen überfordert – sie bleiben bei diesem Renntempo auf der Strecke.

Politik und Klima

Nobelpreis für den Kampf gegen den Klimawandel

Auszüge der Rede von Al Gore zu seiner Ehrung mit dem Friedensnobelpreis, Oslo, 10.12.2007:
Die hervorragenden Wissenschaftler, mit denen ich diesen Preis teile – die größte Ehre meines Lebens –, haben uns vor die Wahl zwischen zwei Zukunftsszenarien gestellt – eine Wahl, die, wie ich glaube, die Worte eines alten Propheten wiederholt: „Leben oder Tod, Segen oder Verwünschung. Deshalb wähle das Leben, damit sowohl du als auch deine Nachkommenschaft leben können."

I Al Gore

Wir – die menschliche Spezies – stehen einem planetaren Notstand gegenüber – eine Bedrohung für das Überleben unserer Zivilisation, die immer größer wird, während wir uns hier versammeln. Aber es gibt auch hoffnungsvolle Nachrichten: Wir haben die Fähigkeit, diese Krise zu überwinden und die schlimmsten – wenn auch nicht alle – Folgen zu vermeiden, wenn wir kühn, entschieden und schnell handeln.

Während der letzten Monate wurde es immer schwerer, die Zeichen dafür zu missdeuten, dass unsere Welt aus dem Gleichgewicht gerät. Großstädte in Nord- und Südamerika, Asien und Australien sind aufgrund von extremen Dürren und schmelzenden Gletschern nahezu ohne Wasser. Verzweifelte Landwirte verlieren ihr Einkommen. Völker in der Arktis und auf tief liegenden pazifischen Inseln planen die Evakuierung von Orten, die sie lange Heimat genannt haben ...

Klimaflüchtlinge sind in Gegenden ausgewandert, in denen bereits Völker mit unterschiedlichen Kulturen, Religionen und Traditionen leben, und haben so das Konfliktpotenzial vergrößert ...

Anders als die meisten anderen Formen der Umweltverschmutzung ist CO_2 unsichtbar, ohne Geruch beziehungsweise Geschmack, was dazu beigetragen hat, die Wahrheit darüber, was es unserem Klima antut, nicht ins Blickfeld geraten zu lassen. Zudem ist die Katastrophe, die uns bedroht, ohne Beispiel – und wir verwechseln oft das nie Dagewesene mit dem Unwahrscheinlichen. Wir finden es außerdem schwierig, uns die enormen Veränderungen vorzustellen, die nun notwendig sein werden, um die Krise zu bewältigen. Und wenn große Wahrheiten wirklich lästig sind, können ganze Gesellschaften sie ignorieren, wenigstens für eine Weile.

Es ist an der Zeit, unseren Frieden mit dem Planeten zu schließen.

Der große norwegische Dramatiker Henrik Ibsen schrieb: „Eines Tages wird die jüngere Generation kommen und an meine Tür klopfen."

Die Zukunft klopft genau in diesem Augenblick an unsere Tür. Täuscht euch da nicht, die nächste Generation wird uns eine von zwei Fragen stellen. Entweder werden sie fragen: „Was habt ihr euch gedacht, warum habt ihr nicht gehandelt?" Oder sie werden stattdessen fragen: „Wo habt ihr die Zivilcourage hergenommen, euch zu erheben und eine Krise zu bewältigen, von der so viele gesagt haben, sie sei unlösbar?"

Wir haben alles, was wir brauchen, um anzufangen, außer vielleicht politischen Willen, aber politischer Wille ist eine erneuerbare Ressource.

Also lasst ihn uns erneuern und zusammen sagen: „Wir haben ein Ziel. Wir sind viele. Für dieses Ziel werden wir aufstehen, wir werden handeln."

Zeit zum Handeln

Der frühere US-Vizepräsident Al Gore erhielt 2007 gemeinsam mit dem Weltklimarat (IPCC) den Friedensnobelpreis. Al Gore ist es gelungen, den Klimaschutz populär zu machen und weltweit viele Menschen für den Kampf gegen eine drohende Klimakatastrophe zu sensibilisieren und zu mobilisieren. Sein Klima-Dokumentarfilm „Eine unbequeme Wahrheit" erhielt den Oscar. Am 7. Juli 2007 fand das von ihm geplante Live-Earth-Konzert statt, sieben Konzerte in sieben Städten auf sieben Kontinenten setzten ein weltweites Zeichen gegen den Klimawandel. Der Klimawandel steht wie nie zuvor im Fokus der Weltöffentlichkeit. Der Klimaschutz ist zum zentralen Thema der internationalen Politik geworden. Es ist den Wissenschaftlern endlich gelungen, die Politik aufzurütteln. EU-Gipfel, G8-Gipfel, die Vereinten Nationen und schließlich die Klimakonferenz auf Bali beschäftigten sich 2007 mit dem Klima.

Ohne Politik ist Klimaschutz nicht möglich. Die Politik regelt und organisiert das Verhalten und Handeln der Menschen. Sie ist für die Gestaltung des öffentlichen Lebens verantwortlich und setzt Ziele und Ideen durch. Macht die Politik die Klimakrise zu ihrem Thema, hat der Klimaschutz eine Chance.

Die Politik ist in der Pflicht. Der 1988 gegründete Zwischenstaatliche Ausschuss über Klimaveränderungen *(Intergovernmental Panel on Climate Change, IPCC),* kurz Klimarat, gehört zur UNO. Der IPCC erstellt Berichte über den Stand der Klimaforschung. Hunderte Wissenschaftler auf der ganzen Welt arbeiten dem Gremium zu. Der aktuelle IPCC-Bericht von 2007 lässt keinen Zweifel daran, dass es einen vom Menschen gemachten Klimawandel gibt. Er beschreibt nicht nur das Ausmaß und die Ursachen des Klimawandels sowie die Folgen der Klimaerwärmung für Mensch und Umwelt, sondern fordert auch Maßnahmen zum Klimaschutz. Die globalen CO_2-Emissionen sollen bis 2050 um 50–85 Prozent gesenkt werden, um die Konzentration des Gases in der Atmosphäre zu stabilisieren und die Erwärmung bis Ende des Jahrhunderts auf zwei Grad im Vergleich zum Stand von 1860 zu beschränken.

Dafür müssen Energieversorgung und Energieverteilung effektiver werden. Kohle muss durch Gas ersetzt werden. Die heutigen Fahrzeuge mit Benzinmotoren sollen von Verkehrsmitteln mit geringerem Kraftstoffverbrauch oder Biotreibstoff-Motoren abgelöst werden. Die Industrie soll stärker die bei Produktionsprozessen entstehende Wärme, die sogenannte Abwärme, nutzen (bisher verpufft sie in den meisten Fällen einfach ungenutzt) und Materialien besser recyceln (wiederverwerten).

In Europa ist das Umweltbewusstsein vergleichsweise groß und die Europäische Union ist verhältnismäßig gut vorbereitet auf eine aktive Klimapolitik. Das liegt an ihrer Geschichte.

Erste Schritte zu einer gemeinsamen Umweltpolitik der EU

1972 machte die Europäische Union, das Bündnis einer Vielzahl europäischer Staaten, Umweltpolitik zu ihrem Thema. Die

Das Europaparlament in Straßburg

Staats- und Regierungschefs beauftragten bei der Pariser Gipfelkonferenz die Europäische Kommission, ein Aktionsprogramm für den Umweltschutz auszuarbeiten. Eine gemeinsame Umweltpolitik als politisches Ziel zu formulieren, war ein neuer entscheidender Schritt und keineswegs selbstverständlich. Denn die EU war 1957 als Europäische Wirtschaftsgemeinschaft (EWG) gegründet worden. Zu diesem Zeitpunkt war Umweltschutz noch kein Thema von politischer Bedeutung und den Gründungsmitgliedern ging es in erster Linie um wirtschaftliche Zusammenarbeit.

Wie kam es dazu, dass die Umweltpolitik sich zu einem wichtigen Bereich auf europäischer Ebene entwickeln konnte? Umweltpolitik wurde aus wirtschaftlichen Gründen Bestandteil der europäischen Zusammenarbeit. Unterschiedliche Umweltvorschriften in den EU-Mitgliedstaaten, wie etwa Grenzwerte für Autoabgase oder der Bleigehalt von Benzin, behinderten den gemeinschaftlichen Handel oder benachteiligten bestimmte Produkte auf dem europäischen Markt. Umweltpolitik war daher hauptsächlich eine begleitende Maßnahme zur Errichtung eines gemeinsamen Marktes.

Anfang der 1970er-Jahre rüttelte das Auftreten von Umweltproblemen, besonders der Luftverschmutzung oder des sauren Regens, die europäischen Bevölkerungen und damit ihre Politiker auf. Weder der saure Regen noch die Verschmutzung von Flüssen machen an Staatsgrenzen halt. Auf grenzüberschreitende Umweltbelastungen musste also auch mit grenzüberschreitenden Maßnahmen reagiert werden.

Dasselbe gilt auch für den Klimawandel. Hier handelt es sich nicht um eine räumlich begrenzte Erscheinung, sondern um ein globales Problem. Das heißt: Die ganze Welt ist betroffen und damit die Bevölkerungen aller Staaten und Länder. Eine weltweite Zusammenarbeit ist darum unbedingt notwendig.

Durch die umweltpolitische Entwicklung der EU ist diese für gemeinsame Problemlösungen der Klimakrise besser vorbereitet als andere Staaten und Bündnisse. Die Umweltpolitik wurde 1987 in der Einheitlichen Europäischen Akte im EWG-Vertrag rechtlich festgeschrieben und die umweltpolitischen Handlungsgrundlagen in den Verträgen von Maastricht (1993) und Amsterdam (1997) weiter ausgebaut.

Im März 2007 beschlossen die Staats- und Regierungschefs der mittlerweile 27 EU-Staaten einstimmig den Aktionsplan „Eine Energiepolitik für Europa". Darin verpflichtet sich die EU, die Treibhausemissionen bis 2020 um mindestens 20 Prozent gegenüber 1990 zu verringern. Der Anteil erneuerbarer Energien am Gesamtenergieverbrauch soll von zurzeit 6,5 Prozent auf 20 Prozent im EU-Durchschnitt erhöht werden.

Es sollen außerdem 20 Prozent des EU-Energieverbrauchs eingespart werden. Neue Erfindungen und verbesserte Technologie sollen kombiniert mit umweltfreundlicherem Verhalten diese Einsparungen möglich machen. Der Anteil von Biokraftstoffen am Benzin- und Dieselverbrauch soll sich in allen EU-Staaten bis 2020 auf mindestens zehn Prozent am gesamten verkehrsbedingten Benzin- und Dieselverbrauch erhöhen.

Energiepolitik der Bundesregierung

Deutschland ist eines der wenigen Industrieländer, in denen der Ausstoß (Emission) von Treibhausgasen reduziert werden konnte. Windenergie hat bei der Stromerzeugung aus erneuerbaren Energien mit rund fünf Prozent am Stromverbrauch in Deutschland den höchsten Anteil. Die Bundesregierung hat sich 2006 zum ersten Mal mit Vertretern der Energiewirtschaft zum sogenannten Energiegipfel getroffen. Es folgten weitere Energiegipfel. Ziel ist es, ein nationales energiepolitisches Konzept zu entwickeln, das von Politik und Wirtschaft gemeinsam getragen wird und die Weichen in der Energie- und Klimapolitik bis zum Jahre 2020 stellt.

Am 21. Februar 2007 legte sich der Bundesrat auf vier Grundsätze fest:

1. Steigerung der Energieeffizienz durch neue Technologien und energiebewusstes Konsumverhalten
2. Förderung erneuerbarer Energien insbesondere der Wasserkraft
3. Bau von Gaskombikraftwerken als Übergangslösung für die voraussichtlich entstehende Energielücke
4. Intensivierung der Energie-Außenpolitik (europäischer Handel mit CO_2-Zertifikaten)

Internationale Klimapolitik

Ein erster Schritt für einen globalen Klimaschutz war die Klimarahmenkonvention von Rio de Janeiro 1992. Es wurde vereinbart, den Ausstoß der Treibhausgase so zu begrenzen, dass sich die Natur ohne zusätzliche Maßnahmen den Klimaänderungen anpassen kann und die Nahrungsmittelerzeugung nicht bedroht wird. Dies kann nach Meinung vieler Forscher erreicht werden, wenn die globale Temperatur nicht mehr als zwei Grad Celsius über den Wert vor der Industrialisierung im 19. Jahrhundert steigt. Die Rio-Konvention wurde von 189 Staaten bestätigt (ratifiziert).

Im Dezember 1997 verpflichteten sich die Industriestaaten[*] im japanischen Kyoto, die Rio-Konvention umzusetzen und die

Klimagipfel in Kyoto 1997

Der Handel mit den Emissionen

Wichtig für die Bekämpfung des Klimawandels ist es, die Hauptverursacher wie Industrieunternehmen und Kraftwerksbetreiber mit in die Verantwortung zu nehmen und sie dazu zu bringen, ihren CO_2-Ausstoß (Emissionen) zu verringern. Am besten funktioniert das, wenn sich dies auch finanziell für die Unternehmen lohnt. Dieser Gedanke liegt dem Emissionshandel zugrunde. Die Betreiber von klimaschädlichen Anlagen erhalten beim Emissionshandel Zertifikate, die sie zum Ausstoß einer genau festgelegten Menge an Treibhausgasen berechtigen.

Im Kyoto-Protokoll wurde der Handel mit Emissionszertifikaten zum Erreichen der Klimaschutzziele vereinbart und Obergrenzen festgelegt, wie viele Treibhausgase einzelne Länder bzw. Ländergruppen wie die EU in einem konkreten Zeitraum emittieren dürfen. Die Obergrenze soll in den folgenden Jahren schrittweise gesenkt werden.

In der EU werden die CO_2-Zertifikate an ungefähr 4 500 Kraftwerke und Produktionsanlagen, die besonders viel Energie verbrauchen, verteilt. Sie berechtigen zum Ausstoß einer genau festgelegten Menge an Treibhausgasen. Wer durch umweltfreundliche Technologien weniger Schadstoffe produziert, kann ganz legal seine überschüssigen CO_2-Zertifikate verkaufen und damit Geld verdienen. Die Firmen, die mehr

CO_2 als erlaubt ausstoßen, müssen Kohlendioxidzertifikate zukaufen. Man hofft, dass sie, um diese Kosten zu sparen, in umweltschonende Technik investieren.

Die deutschen Unternehmen erhalten 2008–2012 Emissionszertifikate, die sie berechtigen, über 453 Millionen Tonnen CO_2 pro Jahr zu produzieren. Die Betreiber älterer Kraftwerke werden Zertifikate zukaufen müssen, dadurch soll der Anreiz, neue Kraftwerke zu bauen, verstärkt werden. Die CO_2-Zertifikate, auch Verschmutzungsrechte genannt, wurden bisher kostenlos zugeteilt. 2008 sollen neun Prozent der Zertifikate versteigert werden. Die dadurch erzielten Einnahmen sollen in zusätzliche Klimaschutzmaßnahmen investiert werden. Auch der Flugverkehr soll ab 2011 in den Emissionshandel einbezogen werden.

Die Sache mit dem Emissionshandel scheint auf den ersten Blick eine sinnvolle Strategie zu sein. Allerdings lässt sie sich praktisch schwer umsetzen. Voraussetzung wäre eine funktionierende, lückenlose Emissionskontrolle bei allen beteiligten Unternehmen. Diese ist jedoch nicht vorhanden. Außerdem besteht die Gefahr, dass durch unechte Zertifikate die Preise manipuliert werden. Problematisch ist, nach welchen Kriterien die Emissionsrechte vergeben werden. Kaum jemand weiß, wie das System funktioniert. Dabei darf der Klimaschutz nicht als lästig und viel zu kompliziert empfunden werden. Grundsätzlich ist der Ansatz, Lizenzen zur weiteren Zerstörung des Klimas auszugeben, fragwürdig. Die Zukunft wird nicht an der Börse gehandelt.

Emission von Treibhausgasen bis 2012 um mindestens fünf Prozent im Vergleich zu 1990 zu senken. Die Entwicklungsländer[*] erhielten keine Auflagen. 180 Staaten haben inzwischen das Kyoto-Protokoll ratifiziert, dazu gehört jedoch nicht die USA – dabei ist Amerika mit einem Viertel Anteil an den weltweiten CO_2-Emissionen der größte Klimasünder. Der Staat war aber nicht bereit, zum Schutz des Klimas Einschränkungen seiner Wirtschaft hinzunehmen.

Vom 3.–14. Dezember 2007 fand in Nusa Dua auf Bali, Indonesien, die UNO-Klimakonferenz statt. Die Staatengemeinschaft verständigte sich auf einen Arbeits- und Zeitplan für die Zeit nach dem Kyoto-Abkommen. Die darin getroffenen Vereinbarungen laufen 2012 aus. Damit keine zeitliche Lücke entsteht im globalen Kampf gegen die Erderwärmung, sollen zur Welt-

Aufsteiger China

In keinem Land der Erde steigt der Energiebedarf so rasant wie in China. Zurzeit deckt China seinen Energiebedarf zu 60 Prozent aus Kohle. Bis 2013 sollen vier neue Kernkraftwerke in Betrieb gehen. Für die Nutzung erneuerbarer Energiequellen will die chinesische Regierung 187 Milliarden US-Dollar investieren. Im Vorfeld der Olympischen Spiele 2008 in Peking erfolgten groß angelegte Baumaßnahmen, um die Klimatisierung der Hallen mit Erdwärme und die Beleuchtung des Olympischen Dorfes mit Solarenergie zu betreiben.

klimakonferenz Ende 2009 in Kopenhagen die Verhandlungen für einen neuen Klimavertrag abgeschlossen sein und ein neues Abkommen getroffen werden. Im Aktionsplan von Bali werden erstmals neben den Industrieländern auch die Entwicklungsländer und Schwellenländer[*] wie China und Indien in aktive Klimaschutzmaßnahmen einbezogen.

Innerhalb der internationalen Staatengemeinschaft gibt es noch große politische Meinungsunterschiede. Einige Länder sind nicht einmal bereit, den CO_2-Ausstoß gemäß den Vereinbarungen im Kyoto-Protokoll zu reduzieren, darunter die USA. Oft stehen wirtschaftliche Interessen dem Klimaschutz entgegen.

In Indonesien z. B. werden die letzten Regenwälder zerstört. Klar ist, Regenwälder spielen eine wichtige Rolle in der Frage, ob der Klimawandel zu stoppen oder zumindest zu bremsen ist, weil sie die Atmosphäre von dem Treibhausgas CO_2 befreien. Der Schutz des Regenwaldes ist also im Interesse der gesamten Weltbevölkerung. Nun gibt es aber vor Ort sehr arme Menschen, die aus purer Not den Regenwald roden und niederbrennen, um Ackerland zu gewinnen. Für sie müssen andere Möglichkeiten gefunden werden, ihren Lebensunterhalt zu verdienen. Teilweise können die Staaten der dritten

Abholzung des Regenwaldes

Welt diese Aufgabe nicht selbst lösen; daher ist es nötig, dass die Industrienationen sie hier sinnvoll unterstützen. In viel größerem Maßstab zerstören allerdings internationale Holzfirmen den Regenwald – wir sägen sozusagen im wahrsten Sinne des Wortes den Ast ab, auf dem wir sitzen.

Für arme Länder ist die Ausbeutung ihrer Natur oft eine der wenigen Einnahmequellen. Wenn diese Möglichkeit nicht mehr besteht, sind sie nicht in der Lage, ihre wirtschaftliche Situation zu verbessern oder zumindest zu stabilisieren. Viele Länder der Welt streben eine industrielle Entwicklung an, wie sie in Europa und den USA stattgefunden hat. Die Bevölkerung möchte den gleichen Lebensstandard erreichen wie in den Industriestaaten üblich, also zum Beispiel ein größeres Einkommen und immer genug zu essen, dann vielleicht auch einmal ein eigenes Fahrzeug und eine Vielzahl von Dingen des

täglichen Lebens von der Cola bis zum Flachbildschirm, die für uns heute selbstverständlich sind. Im Vordergrund des Interesses steht für diese Länder ganz klar der Wunsch, schnell zu einer leistungsfähigen Industrie zu kommen. Sie möchten so lange nicht in Umweltschutz investieren, wie diese Entscheidung zusätzlich Geld kostet.

Die Entwicklungsländer wollen bei den durch den Klimawandel entstehenden Problemen und Kosten stärker von den Industrienationen unterstützt werden. Diese möchten dafür aber auch die Gewähr, dass das Geld direkt in den Umweltschutz fließt. Die Industriestaaten haben also eine besondere Verantwortung. Sie können ihre Erfahrungen weitergeben und finanziell, mit Technologie oder mit Projekten vor Ort helfen, weltweit Prozesse in Gang zu bringen, die dem Schutz des Klimas dienen. Um diese Verantwortung tragen zu können, müssen die Menschen allerdings auch über den Klimawandel und seine möglichen Auswirkungen genau informiert sein.

Projekte wie die von Al Gore werden hoffentlich dafür sorgen, den Klimaschutz noch stärker ins Bewusstsein zu bringen, und auch unwillige Politiker dazu veranlassen, sich an den Maßnahmen zu beteiligen. Denn leider geht vieles noch immer viel zu langsam und mit zu vielen Einschränkungen. Da Klimaschutz mit wirtschaftlichen Einbußen verbunden ist, weigern sich immer noch viele Politiker, ernsthaft einzusteigen – wenn es um Geld geht, sind viele Menschen leider außerordentlich kurzsichtig und wollen nicht erkennen, dass es um mehr geht als um Geld: nämlich um unser aller Zukunft!

Notbremse

Wir erzeugen unsere Energie selbst!

Ja, wir sind schon nützliche Tiere. Wir können nicht nur muhen, wiederkäuen und Milch geben. Mit unserem Mist, also den schönen Fladen, kann man so einiges machen, z.B. heizen oder Hütten bauen. Es soll sogar ein Land geben, in dem wir als heilig gelten. Das stelle man sich einmal vor! Das geht allerdings dann doch über meinen Kuhverstand.

Aber was hier in Jühnde, in meinem Dorf in Niedersachsen, passiert ist, das habe ich schließlich selbst erlebt. Es ist unglaublich, aber wahr. Und ich bin ganz schön stolz, dass ich, na ja, die anderen Kühe natürlich auch, dazu beitragen, dass unser Jühnde das erste Bioenergiedorf in Deutschland ist. Was das heißt? Wir sind Selbstversorger in Sachen Energie, unabhängig von Stromversorgern. Die Gemeinde erzeugt die gesamte benötigte Energie selbst. Und dazu tragen wir eine ganze Menge bei. Schließlich leben in Jühnde fast so viele Kühe wie Einwohner. Und mit unserem Mist, der zugegeben nicht als sauber zu bezeichnen ist, wird saubere Energie erzeugt.

Die Gülle wird in Tanks gelagert, wo sie vergärt. Dabei entstehen Gase, die wie Erdgas zur Stromerzeugung dienen können. Damit die Sache nicht zum Himmel stinkt, müssen die Tanks luftdicht sein. Das entstandene Biogas wird dann in einem Heizkraftwerk in Wärme umgewandelt. Alle im Dorf machen mit, die Gemeinde, die Landwirte und die Verbraucher und natürlich wir Kühe. Mein Bauer sagt, das kostet zunächst einmal viel Geld und Zeit. Aber auf Dauer ist die Nutzung der Biomasse preiswerter als andere Energieformen. Öl oder Erdgas zum Beispiel werden immer teurer. Damit das alles klappt, hat die Universität Göttingen die Dorfbewohner begleitet und das Projekt unterstützt. Da waren sogar einige Professoren bei uns im Stall. Der wurde natürlich auch entsprechend umgebaut und ist jetzt viel schöner als vorher. Damit auch andere Dörfer ihre Energieversorgung selbst in die Hand nehmen können, haben alle zusammen einen Leitfaden entwickelt, und wenn ihr ein paar gute Tipps sozusagen von Rind zu Rind braucht, kommt doch einfach mal vorbei! Dritte Box links, das bin ich, eure Kuh Rosalie.

In Jühnde im Landkreis Göttingen wird seit Januar 2006 tatsächlich der komplette Energiebedarf durch regenerative (sich selbsterneuernde) Energieträger gedeckt. Noch mehr: Das Bioenergiedorf erzeugt doppelt so viel Biostrom, wie es selbst verbraucht. So werden nicht nur Energiekosten gespart, sondern durch die Energiegewinnung Einnahmen erzielt. Die Investitionen und der Einsatz der Dorfbewohner haben sich gelohnt. Kein Wunder, dass das Projekt mittlerweile viele Nachahmer hat, wie z. B. Freiamt und Mauenheim im Schwarzwald, Rai-Breitenbach im Odenwald und Ostritz in Sachsen. Viele weitere Dörfer wollen Bioenergiedorf werden und umweltfreundlich ihre Energie erzeugen.

Das Kreuz mit dem Energieverbrauch

Ein Leben ohne Internet, Handy, Gameboy und Playstation ist schwer vorstellbar. Dass chatten, SMS schreiben und spielen

 am Computer Energie verbrauchen, vergisst man in Zeiten aufladbarer Akkus und kabelloser Vernetzung leicht. Gerade weil diese Dinge fester Bestandteil unseres Lebens geworden sind, ist es umso wichtiger, sich für erneuerbare Energien einzusetzen und die CO_2-Emissionen zu verringern oder besser ganz abzuschaffen.

Vor allem die Kinder und Jugendlichen von heute und die Generationen nach ihnen werden den Klimawandel und seine Auswirkungen erleben, wenn nicht rechtzeitig ausreichende Maßnahmen zum Schutz des Klimas getroffen werden. Viele Erwachsene scheinen das leider vergessen zu haben. Ob es zu katastrophalen Auswirkungen des Klimawandels kommen wird, hängt davon ab, ob alle gemeinsam die Verantwortung für den Klimaschutz übernehmen.

Im Gegensatz zur Generation der Eltern und der Großeltern sind heute alle unter 20 mit den Vorzügen moderner Technologie groß geworden. In der Regel sind sie neugierig auf alle neuen Entwicklungen und haben keine Mühe, sich die technischen Neuerungen anzueignen – Computer, Handys, Playstation, alles kein Problem. Umso wichtiger ist es, dabei auch die Auswirkungen dieser Erfindungen im Auge zu behalten. Schon in der Grundschule im Sachunterricht und später in Fächern wie Biologie und Chemie ist das Klima Unterrichtsthema und Kinder und Jugendliche werden über das empfindliche Ökosystem der Erde und mögliche Folgen von Klimaschäden informiert. Dieses Wissen und technischer Sachverstand, kombiniert mit globaler Zusammenarbeit, können der Zerstörung der Atmosphäre entgegenwirken. Wenn alle zusammenarbeiten, kann der Übergang zu einer Wirtschaft mit weniger Kohlendioxid-Emissionen gelingen.

In den vergangenen Jahren wurden im Bereich Klimaschutz deutlich mehr Patente für neue Erfindungen angemeldet. Es wird viel geforscht und entdeckt. Patente berechtigen den

Patentinhaber zur alleinigen Nutzung und Verwertung der Erfindung. Ein Patent zu kaufen, ist sehr teuer und oft sind die Patente gar nicht verfügbar, d. h., eventuell wird die Erfindung gar nicht umgesetzt. Manchmal kaufen Firmen Patente und bauen die neue Erfindung nicht, weil sie zuerst ein anderes Produkt vermarkten wollen, selbst wenn dieses weniger gut ist. Ein Patent läuft 20 Jahre. Das ist eine lange Zeit. Es wäre unbedingt nötig, dass neu entwickelte Technologien wie z. B. das Dreiliterauto mit niedrigem Benzinverbrauch nicht blockiert würden, sondern frühzeitig zum Einsatz kommen. Um dies zu unterstützen, müssen wir Käufer klimafreundliche, energiesparende Produkte gezielt nachfragen und kaufen.

Eine bedeutende Möglichkeit, die CO_2-Emissionen zu reduzieren, ist der Umstieg auf sogenannte alternative Energien. Ei-

Kohlekraftwerk in Schkopau

nige Energieversorger bieten sogenannten grünen Strom an. Dieser Strom stammt aus „erneuerbaren" oder „regenerativen" Energiequellen wie zum Beispiel Sonne, Wind oder Wasser. Anders als bei den fossilen Energieträgern wie Kohle, Erdöl oder Gas wird nichts verbraucht. Die Vorräte an Bodenschätzen werden irgendwann verschwunden sein. Regenerative Energie dagegen wird aus Prozessen gewonnen, die ununterbrochen in der Natur stattfinden. Hier gewinnen wir also gleich doppelt, weil auch in der Zukunft Energie quasi unendlich zur Verfügung steht und weil außerdem viel weniger CO_2 freigesetzt wird als bei den fossilen Brennstoffen. Es gibt eine Vielzahl regenerativer Energiequellen, die man auf vielerlei Art nutzen kann.

Bei der **Sonnenenergie** beispielsweise wandeln Solarzellen das einfallende Sonnenlicht direkt in Elektrizität um. Die sogenannten Fotovoltaik-Anlagen bestehen aus zu Solarmodulen verbundenen Solarzellen aus dem Halbmetall Silicium oder

Fotovoltaik-Anlage in Brandis bei Leipzig, 2007

Kunststoffen und finden beispielsweise Anwendung auf Dachflächen. Das funktioniert natürlich am besten im Sommer oder in wärmeren Gegenden. Die Produktion an elektrischer Energie der Fotovoltaik-Anlagen steigt mit der weiterentwickelten Technik auch in gemäßigten Klimazonen. Solarsatelliten mit riesigen fotovoltaischen Flächen im Weltall, die unabhängig von dem Wetter auf der Erde das Sonnenlicht einfangen, sind in Planung.

Geothermische Kraftwerke nutzen die Wärmeenergie der Erde in vulkanischen Gebieten.

Wasserkraftwerke wandeln die mechanische Energie des Wassers in elektrischen Strom um. Diese Energie wird beispielsweise durch künstliche oder natürliche Wasserfälle, rasch strömende Flüsse oder Stauseen gewonnen. Sie treiben große Turbinen an, die Strom erzeugen. Vorteil ist, dass Wasser nahezu unbegrenzt und kostenlos zur Verfügung steht. Die Errichtung von Wasserkraftwerken ist aber sehr teuer. Deshalb werden Wasserkraftwerke für eine hohe Lebensdauer gebaut, um möglichst lange Erlöse für verkauften Strom zu erzielen.

Hydrodynamische Wellenkraftwerke liegen auf dem Wasser und bestehen aus einer Anordnung von beweglichen,

I **Staumauer des Dnjepr-Kraftwerkes**

durch Gelenke verbundenen, an der Oberfläche schwimmenden Elementen. Ihre Bewegung durch die Wellen treibt Generatoren zur Energieerzeugung an.

Gezeitenkraftwerke wandeln die mit dem Wechsel von Ebbe und Flut entstehende Energie in elektrischen Strom. Staudämme werden an Meeresbuchten oder trichterförmigen Flussmündungen errichtet, bei denen sich Hoch- und Niedrigwasserstand deutlich unterscheiden. Die starken Gezeitenströmungen treiben Generatoren an und erzeugen Energie. Diese Kraftwerke sind natürlich nur für Länder in Küstennähe geeignet.

Bei **Windkraftwerken** setzt die Windenergie den Rotor, ein riesiges Windrad, in Bewegung. Die Drehung des Rotors wird mithilfe eines Getriebes auf einen Generator übertragen, der dann Strom erzeugt. Der Wind weht zwar nicht ständig, aber je mehr Windkraftwerke, verteilt auf große Entfernungen, entstehen, desto zuverlässiger funktioniert die Energieversorgung durch Windkraft.

Holz wird schon seit Jahrtausenden verbrannt, um Energie, sprich Wärme, zu gewinnen. Holz gehört zur **Bioenergie.** Diese wird aus Biomasse, z.B. Holz, Mais, Zuckerrüben, Raps, Biogas, Pflanzenölen, Exkrementen und Algen, gewonnen. Aus den unterschiedlichen Rohstoffen werden flüssige, feste oder

**Windkraftanlage
bei Rheinberg**

gasförmige Energieträger, z. B. Pflanzenöle, Holzhackschnitzel oder Biogas, hergestellt, die in Wärme, Strom oder Kraftstoffe umgewandelt werden. Beispiele für den Einsatz von Energiepflanzen sind der Zuckerrohranbau in Brasilien zur Ethanolgewinnung. Ethanol ist nichts anderes als Alkohol. Dieser ist leicht entzündlich und kann deshalb als Brennstoff verwendet werden. In Deutschland wird aus Raps Diesel gewonnen.

Zwar entsteht bei der Gewinnung von Energie aus Energiepflanzen auch CO_2, aber durch die Pflanzen wird während ihres Wachstums CO_2 aus der Atmosphäre eingebunden. Man spricht deshalb von klimaneutraler Energie.

Ein Nachteil von Energiepflanzen ist, dass ihr Anbau viel Fläche benötigt. Wenn wie in Indonesien und Malaysia für Palmölplantagen Regenwälder gerodet werden, ist diese Form der Energiegewinnung nicht mehr klimaneutral, sondern klimaschädlich. Erhöhte Nachfrage nach Biokraftstoffen kann außerdem dazu führen, dass Anbauflächen anstelle für Nahrungsmittel zum Anbau von Energiepflanzen genutzt werden. Um dies zu verhindern, sollen nur Energiepflanzen aus geregeltem Anbau verwendet werden, d. h., die für die Energiepflanzen genutzten Flächen sind festgelegt und dürfen eine bestimmte Größe nicht überschreiten. Dann ist diese Form der Energiegewinnung eine echte Alternative. Man ist unabhängig vom Wetter oder von der Jahreszeit, denn die Pflanzen kann man lagern und bei Bedarf in Energie umwandeln. Das ist ein großer Vorteil gegenüber Wind und Wärmeenergie.

Es gibt kein Wundermittel, aber durch die Kombination der

vielfältigen verschiedenen Techniken der alternativen Stromerzeugung ist eine Stromversorgung ohne CO_2-Emissionen möglich. Wichtig ist dabei eine internationale Zusammenarbeit, da gewisse Länder durch ihre Lage alternative Energiequellen besser nutzen können als andere, da sie z. B. an einer Küste oder in einer wind- oder sonnenreichen Gegend liegen.

Viele sehen auch in der **Kernenergie** eine Alternative, da bei der Energiegewinnung in Kernkraftwerken kaum Treibhausgase entstehen und die Atmosphäre nicht

belastet wird. Diese Kraftwerke arbeiten mit Kernspaltung. Spaltet man die Atomkerne radioaktiver Elemente wie Uran oder Plutonium, wird Energie freigesetzt.

In Deutschland sind zwölf Kernkraftwerke in Betrieb. Sie haben einen Anteil von 26 Prozent an der Gesamtstromerzeugung. Die meisten Kernkraftwerke in Europa betreibt Frankreich mit 20 Kernkraftwerken, die 78 Prozent des gesamten französischen Energiebedarfs decken.

Der Betrieb von Kernkraftwerken ist jedoch mit hohen Risiken verbunden. Am 26. April 1986 kam es in Tschernobyl in der Sowjetunion zum sogenannten GAU (größter anzunehmender Unfall), dem bisher schwersten Reaktorunfall weltweit. Ein Reaktor, das ist eine Anlage, in der durch die Spaltung von Atomkernen Energie gewonnen wird, explodierte und brannte aus. Dabei wurden mehrere Tonnen hoch radioaktives Material freigesetzt – dieses ist sehr gefährlich. Viele Menschen starben durch die radioaktive Strahlung, insbesondere die Kraftwerksbeschäftigten und Feuerwehrleute sowie die sogenannten Liquidatoren, Soldaten, Studenten und Freiwillige, die für die Aufräumungsarbeiten in Tschernobyl eingesetzt wurden. Die meisten Todesfälle sind auf die Spätfolgen der Verstrahlung zurückzuführen, zum Beispiel auf Krebserkrankungen. Die Zahlen über alle Tschernobyl-Opfer schwanken zwischen 10 000 und über 250 000! Genau wird man es nie herausfinden.

Der radioaktive Niederschlag verseuchte die gesamte Umgebung und die Menschen und Tiere, die dort lebten. Bis heute ist das Gebiet rund um Tschernobyl unbewohnbar. Das Grundwasser in den am meisten betroffenen Gebieten in Weißrussland und der Ukraine wurde langfristig mit radioaktiven Stoffen belastet. In der Bevölkerung der betroffenen Gebiete mehrten sich die Fälle insbesondere von Schilddrüsenkrebs, aber auch anderen Krebserkrankungen. Häufige Missbildungen bei Neugeborenen, Leukämie und andere tödlich verlaufende bösartige Bluterkrankungen sind Folgen des schrecklichen Reaktorunfalls.

Die Wolken mit dem radioaktiven Material verteilten sich über viele Teile Europas und schließlich über die gesamte nördliche Halbkugel. Wechselnde Luftströmungen trieben sie bis nach Süddeutschland. Über Wochen durften in Deutschland Spiel- und Bolzplätze nicht betreten werden. Pilze, Waldbeeren und Wildtiere waren hoch belastet.

Auch aktuell kommt es immer wieder zu Zwischenfällen. Am 16. Juli 2007 wurde die an der Stromerzeugung gemessene

Gegner der Atomkraft demonstrieren.

größte Atomanlage der Welt, das japanische Kernkraftwerk Kashiwazaki-Kariwa der Tokyo Electric Power Co., durch ein schweres Erdbeben beschädigt. Radioaktives Wasser lief ins Meer. Flora und Fauna der Unterwasserwelt im Umkreis sind langfristig verseucht.

Die Sicherheit von Kernkraftwerken ist nicht nur durch Naturkatastrophen gefährdet. Die Vorstellung, dass ein Kernkraftwerk Ziel eines Terroranschlags werden könnte, ist schrecklich.

Beim Betrieb von Kernkraftwerken entstehen überdies radioaktive Abfälle, deren Strahlung noch viele Jahrtausende eine Gefahr für die Umwelt bedeuten. Ihre Lagerung und Entsorgung stellen ein großes Problem dar.

Eine Technologie, die in Zukunft an Bedeutung gewinnen könnte, ist die sogenannte Kernfusion, das Verschmelzen von zwei Atomkernen zu einem neuen Kern nach dem Vorbild der Sonne, im Gegensatz zur Kernspaltung wie bei den herkömmlichen Kernkraftwerken. An dem Verfahren wird zwar bereits seit den Sechzigerjahren des vergangenen Jahrhunderts geforscht, aber noch immer gelingt es den Wissenschaftlern nicht, den Prozess völlig zu kontrollieren. Noch immer könnte der Energiebedarf eines Fusionsreaktors hö-

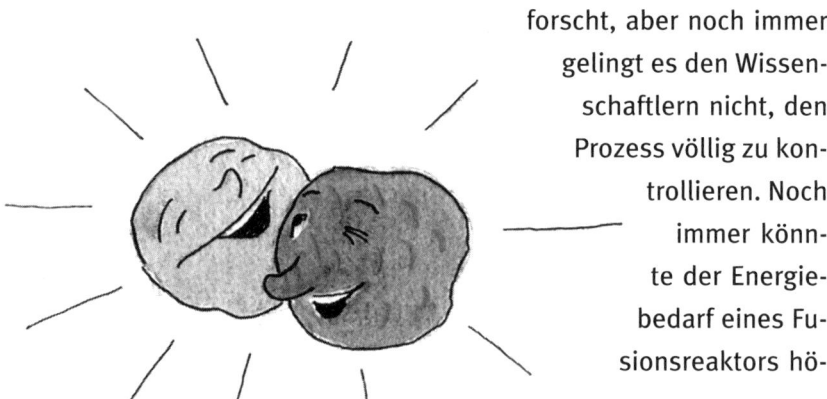

her liegen als seine Energieproduktion. In Frankreich versucht man nun verstärkt, die Fusionstechnologie für den alltäglichen Gebrauch nutzbar zu machen. Dort ist 2006 das Projekt des „Internationalen Thermonuklearen Experimentalreaktors", kurz ITER, angelaufen, an dem die Europäische Union, China, Indien, Südkorea, Japan, Russland, USA und die Schweiz beteiligt sind. Die Kernfusion soll praktisch unerschöpflich, sauber, billig und ungefährlich sein. Tatsächlich gibt es keinen Ausstoß von Treibhausgasen, aber radioaktiver Müll entsteht auch hier – zwar weniger und mit nur 100 Jahren Strahlungsaktivität, aber immerhin! ITER wird in den nächsten Jahren eine bessere Einschätzung dieser Technologie ermöglichen, aber erst mit dem Nachfolgekraftwerk DEMO soll um das Jahr 2040 getestet werden, ob mit diesem Verfahren kommerziell nutzbare Energie gewonnen werden kann.

Solange die Umstellung auf erneuerbare Energien nicht vollzogen ist – und das geht nicht von heute auf morgen –, ist Energiesparen angesagt. Jeder Einzelne kann etwas tun. Wer mit dem Fahrrad statt mit dem Auto zur Schule fährt, produziert null Kohlendioxid. Duschen ist umweltschonender als baden. Eine Reise mit der Bahn ist klimaverträglicher als eine Flugreise. Die Fahrt mit dem ICE von Frankfurt nach Berlin beispielsweise verbraucht etwa 70 Prozent weniger Energie als der Flug vom Frankfurter Flughafen nach Berlin.

Auch beim Heizen kann der Energieverbrauch verringert werden. Senkt man die Temperatur in der Wohnung nachts ab, spart das viele Kilogramm CO_2.

Lastwagenkolonnen schädigen das Klima.

Die bewusste Ernährung tut nicht nur der Gesundheit gut, sondern hilft gleichzeitig, Energie zu sparen. Isst man Nahrungsmittel aus der Region, in der man wohnt, entstehen keine Abgase durch lange Transportwege. 100 Gramm Spargel aus Chile zum Beispiel verursachen laut Angaben von Greenpeace[*] durch den Transport 1,7 Kilogramm CO_2-Ausstoß, die gleiche Menge aus der eigenen Region zur Spargelzeit nur 60 Gramm.

Ein Laptop verbraucht nur ein Drittel so viel Strom wie ein PC. Elektrische Geräte, die nicht benutzt werden, müssen ausgeschaltet werden. Stand-by-Schaltungen sind bequem, weil man nicht aufstehen muss, um ein Gerät einzuschalten. Aber im Stand-by wird unnötig Energie verbraucht. Manche Geräte haben gar keinen Ausschalter mehr. Energiesparlampen tun der Umwelt gut: Sie benötigen im Vergleich zu Glühbirnen nur ein Fünftel des Stroms und setzen dadurch viel weniger Kohlendioxid frei. Energiesparlampen produzieren in fünf Stunden schätzungsweise 50 Gramm Kohlendioxid, eine normale Glühbirne dagegen 160 Gramm. Das klingt nicht nach einer großen Menge, aber die Wirkung ist groß. Nach einer Schätzung aus Großbritannien könnte ein ganzes Kraftwerk abgeschaltet werden, wenn pro Haushalt eine einzige Glühbirne gegen eine Energiesparlampe ausgetauscht wird.

Energie- und Umweltkennzeichen

Verschiedene Kennzeichen sollen den Verbrauchern helfen, energieeffiziente und umweltfreundliche Geräte und Produkte beim Kauf zu erkennen und auszuwählen:

Mit dem **Energy Star** werden energiesparende Bürogeräte, z.B. PCs, Drucker, Scanner, Kopierer u. Ä., ausgezeichnet. Grundlage für die Vergabe des Labels sind der Stand-by-Verbrauch, aber auch Energiemanagement oder effiziente Netzteile sind Kriterien. Der Energy Star ist ein freiwilliges Kennzeichen. Hersteller, die sich dafür angemeldet haben, müssen allerdings die festgelegten Grenzwerte einhalten.

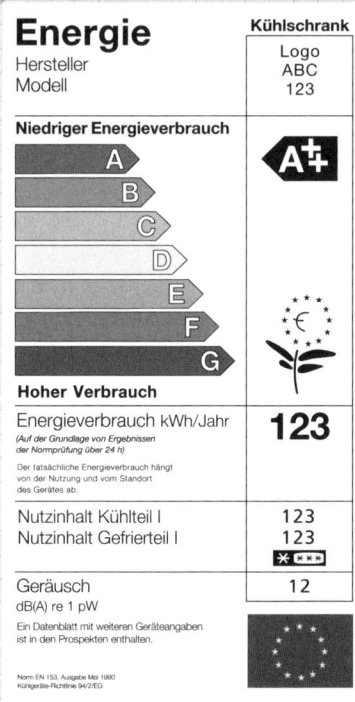

Energie

Kühlschrank

Hersteller
Modell

Logo
ABC
123

Niedriger Energieverbrauch

A
B
C
D
E
F
G

A⁺

Hoher Verbrauch

Energieverbrauch kWh/Jahr

123

(Auf der Grundlage von Ergebnissen
der Normprüfung über 24 h)

Der tatsächliche Energieverbrauch hängt
von der Nutzung und vom Standort
des Gerätes ab.

Nutzinhalt Kühlteil l	123
Nutzinhalt Gefrierteil l	123

Geräusch | 12

dB(A) re 1 pW

Ein Datenblatt mit weiteren Geräteangaben
ist in den Prospekten enthalten.

Norm EN 153, Ausgabe Mai 1990
Kühlgeräte-Richtlinie 94/2/EG.

Seit 1998 müssen in Deutschland bestimmte elektrische Haushaltsgroßgeräte im Handel mit einem Energieverbrauchsetikett – dem **EU-Label** – ausgezeichnet werden. Es kategorisiert den Stromverbrauch verschiedener Haushaltsgeräte: Waschmaschinen, Kühlschränke, Gefriergeräte, Spülmaschinen, Raumklimageräte, Lampen und Trockner. Der Energieverbrauch wird dabei in Beziehung zum Nutzen gesetzt. Die Geräte werden in sieben Klassen (A bis G) eingeteilt. Dabei steht die Klasse A für einen besonders sparsamen und G für einen sehr hohen Energieverbrauch. 2004 wurden für Kühl- und Gefriergeräte die Untergruppen A+ und A++ eingeführt. Das EU-Label gibt auch Auskunft über den Stromverbrauch pro Jahr sowie über die Leistungsfähigkeit, z.B. die Schleuderwirkung bei Waschmaschinen. Das EU-Label führte tatsächlich zu einem stärkeren Bewusstsein für das Thema Energiesparen bei den Käufern.

Das **EU-Umweltzeichen Euroblume** kennzeichnet umweltfreundliche Produkte. 1992 wurde diese Auszeichnung von der Europäischen Kommission eingeführt. In Deutschland sind das Deutsche Institut für Gütersicherung und Kennzeichnung (RAL) und das Umweltbundesamt für die Prüfung und Vergabe des Siegels verantwortlich. Die Euroblume wird vergeben für alle möglichen Produkte wie Elektrogeräte, Haushaltsgeräte, PCs und Lampen, aber auch Matratzen, Textilien, Schuhe, Waschmittel. Getestet werden die Herstellung, die Anwendung, der Energieverbrauch und die Entsorgung eines Produktes. Bei der Vergabe der Euroblume für sparsame Lampen wird beispielsweise die Umweltfreundlichkeit anhand der Energieeffizienz, das heißt der Leuchtstärke pro Watt, beurteilt. Verpackung und Gebrauchstauglichkeit werden ebenso bewertet wie Entsorgung und Brenndauer.

Das Umweltzeichen **Blauer Engel** gilt beispielsweise für Produktgruppen wie Büroartikel, Computer, Elektrogeräte, Papier, Holz- und Heimwerkerbedarf, emissionsarme Heizungsanlagen und regenerative Energienutzung, Verkehr und Transport. Die Zeichenvergabestelle RAL prüft unter Beteiligung des Umweltbundesamtes und des Bundeslandes, in dem der Antragsteller seinen Sitz hat, die Einhaltung der festgelegten Anforderungen. Werden die Kriterien erfüllt, schließt die Zeichenvergabestelle RAL mit dem Anbieter einen zeitlich befristeten Zeichenbenutzungsvertrag. Dieser Vertrag ermöglicht dem Anbieter, mit dem Blauen Engel für sein Produkt zu werben. Das wesentliche Kriterium eines gekennzeichneten Produktes geht aus dem Text auf dem Label hervor. Der Blaue Engel ist jedoch kein Unbedenklichkeitszeichen: Die so gekennzeichneten Produkte stellen in ihrer jeweiligen Produktgruppe oftmals nur das kleinere Übel in Bezug auf die Umweltbelastung dar.

In der Vergangenheit standen einem globalen Klimaschutz immer wieder wirtschaftliche Interessen entgegen. Klimaschutzmaßnahmen sind angeblich zu teuer, verlangen hohe Investitionen und gefährden Arbeitsplätze z. B. in der Energiewirtschaft. Mittlerweile erkennen die großen Wirtschaftsspezialisten weltweit, dass die Überlegungen früher viel zu kurz gedacht waren. Der ehemalige Weltbank-Chefökonom Nicholas Stern kam 2006 in dem nach ihm benannten Stern-Report zu dem Ergebnis, dass es viel weniger kostet, wenn man jetzt in ausreichendem Maße Klimaschutzmaßnahmen ergreift, als wenn man abwartet und nichts ändert. Denn durch den Klimawandel wird es immer mehr Katastrophen, wie zum Beispiel Überschwemmungen und Stürme, geben. Die Sachschäden, die durch diese Katastrophen ent-

stehen – abgesehen davon, dass viele Menschen in lebensbedrohliche Situationen kommen würden – würden die Weltwirtschaft enorm belasten und damit zu den Folgen wie Armut und Arbeitslosigkeit führen, die man ursprünglich vermeiden wollte. Einige Wissenschaftler haben den Versuch unternommen abzuschätzen, wie die Kostenentwicklung mit und ohne Klimaschutz sein könnte. Das Deutsche Institut für Wirtschaftsforschung rechnet beispielsweise für das Jahr 2100 mit globalen Klimaschäden von bis zu 20 Milliarden US-Dollar. Dem gegenüber stehen Investitionen von drei Milliarden US-Dollar für Klimaschutzmaßnahmen bis 2100, um die zu erwartenden Klimaschäden zu vermeiden. Voraussetzung ist, dass weltweit mit einer aktiven Klimaschutzpolitik begonnen wird, und zwar so schnell wie möglich. Denn:

WIR HABEN NUR DIESEN EINEN PLANETEN!

Glossar

Atmosphäre	*Lufthülle der Erde, besteht heute im Wesentlichen aus Stickstoff und Sauerstoff plus sogenannte Spurenelemente*
Brennstoffe, fossile	*lateinisch: ausgegrabene, aus der erdgeschichtlichen Vergangenheit stammende Stoffe wie Holz, Kohle, Erdöl und Erdgas, die zur Erzeugung von Wärme verbrannt werden*
Entwicklungsland	*Land, das zu arm ist, um aus eigener Kraft bessere Lebensbedingungen für seine Bewohner zu erreichen. Viele Bewohner dieser Länder sind Analphabeten, das heißt, sie können nicht lesen und schreiben und sie verdienen nur wenig Geld. Es fehlt an Nahrung und Kleidung und medizinischer Versorgung. Die meisten Entwicklungsländer sind in Afrika, Südamerika und Asien. Typische Entwicklungsländer sind der Sudan, Bolivien und Bangladesch. Sie werden auch als Dritte Welt bezeichnet. Als Unterstützung für ihre wirtschaftliche Entwicklung erhalten sie von reicheren Ländern Entwicklungshilfe.*
FCKW (Fluorkohlenwasserstoffe)	*Kohlenwasserstoffe, in denen die Wasserstoffatome durch Chlor- und Fluoratome ersetzt sind. Sie dienen als Treibmittel für Sprays sowie als Kälte- und Feuerlöschmittel. FCKWs beeinträchtigen die Ozonhülle und wurden deshalb verboten.*

Fotosynthese	*(Foto = griechisch: Licht), Stoffwechselreaktion bei allen Pflanzen, die den Blattfarbstoff Chlorophyll besitzen. Chlorophyll ist in den Farbstoffträgern der Zellblätter, den sogenannten Chloroplasten, eingelagert. Dort findet die Fotosynthese statt. Durch Spaltöffnungen auf der Blattunterseite gelangt Luft in das Blattinnere, in die Hohlräume zwischen den Zellen. Die Sonnenenergie regt das Chlorophyll an, der Luft Kohlendioxid zu entziehen. Das Kohlendioxid reagiert mit dem Wasser, das durch die Pflanze fließt, und es entsteht Traubenzucker. Von diesem energiereichen Stoff lebt und ernährt sich der Baum. Tiere und Menschen profitieren von der Fotosynthese, weil dabei auch Sauerstoff freigesetzt wird, den sie zum Atmen benötigen.*
Greenpeace	*englisch: grüner Friede, ist eine Organisation, die sich für den Umweltschutz einsetzt. Auch Kinder und Jugendliche können bei Greenpeace Mitglied werden. Mitglieder haben schon viele tollkühne Aktionen durchgeführt, um friedlich gegen Umweltverschmutzung zu kämpfen. Zum Beispiel verhinderten sie mit Schlauchbooten, dass Schiffe Giftmüll ins Meer kippten, oder sie kletterten auf Fabrikschornsteine, um die Abgase zu messen und so zu beweisen, dass die Luft durch die Fabrik vergiftet wird.*
Hoch	*eigentlich: Hochdruckgebiet, ein Gebiet, in dem ein höherer Luftdruck herrscht als in*

seiner großräumigen Umgebung. Hier bilden sich keine Wolken, daher wird Hoch meist mit „gutem Wetter" in Verbindung gebracht.

Industriestaat *Ein hoch entwickeltes Land, in dem die Bevölkerung hauptsächlich in der Industrie und im Dienstleistungsbereich arbeitet, nennt man Industrieland. Die Industriestaaten sind die wirtschaftsstärksten, reichen Staaten. Deutschland ist ein typischer Industriestaat.*

Karbonate *Salze der Kohlensäure; Karbonatsalze kommen häufig in der Natur vor, vor allem Kalciumkarbonate (z. B. in Form von Kalk, Calcit oder Marmor). Nahezu alle Lebewesen nutzen nicht lösliche Karbonate als Stütze für ihre Skelette oder Panzer.*

Mikroorganismus *umgangssprachlich auch Mikrobe; Kleinstlebewesen mit eigenem Stoffwechsel, das mit bloßem Auge nicht zu sehen ist. Dazu gehören Bakterien, Algen und primitive Einzeller.*

Ökosystem *Wechselbeziehungen zwischen der Lebensgemeinschaft mehrerer Arten von Pflanzen und Tieren und ihrem Lebensraum, z. B. Wattenmeer, Sandwüste, Korallenriff. Die natürlichen Kreisläufe in einem Ökosystem sind ausgeglichen, d. h., auf Veränderungen wird mit einer Gegenveränderung reagiert, die das ökologische Gleichgewicht wiederherstellt. Künstliche Eingriffe in ein Ökosystem können dieses empfindlich stören.*

Plankton	griechisch „das Umherirrende", Sammelbegriff für alle im Wasser treibenden Organismen
Schwellenland	ehemaliges Entwicklungsland, das sich mit seiner fortschreitenden Industrialisierung, einer besseren Ausbildung und Versorgung seiner Bevölkerung zum Industrieland entwickelt. Brasilien ist ein typisches Schwellenland.
Taiga	Zone der nördlichsten Nadelwaldgebiete zwischen dem Polarkreis und dem 50. Grad nördlicher Breite in Skandinavien, Nordwestrussland, Sibirien und der Mongolei
Thermostat	Temperaturregler, der eine voreingestellte Temperatur konstant hält
Tief	eigentlich: Tiefdruckgebiet, ein Gebiet, in dem ein niedrigerer Luftdruck herrscht als in seiner großräumigen Umgebung. Hier bilden sich Wolken und es fallen Niederschläge. Für Europa ist das Islandtief typisch, außerhalb Europas ist beispielweise das Aleutentief von Bedeutung.
Tundra	Baumlose Zone zwischen der Arktis und der Taiga, der Bewuchs besteht aus Moosen, Flechten und kleineren Sträuchern, häufig Permafrostboden.
Wetterschicht	In der Troposphäre, der untersten Schicht der Atmosphäre, spielt sich der Großteil des Wetters ab. Deshalb bezeichnet man sie auch als Wetterschicht.

Quellennachweise

Abbildungen: picture-alliance/dpa, außer: S. 128: picture-alliance/akg-images/RIA Nowosti; S. 16, 72: picture-alliance/maxppp; S. 23, 79, 119: picture-alliance/OKAPIA KG, Germany; S. 29 Kerstin Luxenhofer; S. 32: picture-alliance/chromorange; S. 48: picture-alliance/NHPA/photoshot; S. 89: 129 picture-alliance/ZB; S. 82: picture-alliance/dpa/dpaweb; S. 126: picture-alliance/akg-images/Schuetze/Rodemann; S. 111: picture-alliance/HB-Verlag; S. 97 picture-alliance/KPA/AQUILA; S. 124: picture-alliance/dpa Themendienst; S. 12 ZDF Bilderdienst

Energy Star © European Commission, Directorate-General for Energy and Transport; EU-Label © Initiative EnergieEffizienz/dena; Euroblume und Blauer Engel © Umweltbundesamt

Impressum

In neuer Rechtschreibung

1. Auflage 2008
© Arena Verlag GmbH, Würzburg 2008
Alle Rechte vorbehalten
Covergestaltung: Frauke Schneider unter Verwendung einer Illustration von Klaus Steffens und eines Fotos von © Gettyimages
Innenillustration: Heidrun Boddin
Satz: Claudia Böhme auf der Grundlage einer Gestaltung und Typografie von knaus. büro für konzeptionelle und visuelle identitäten, Würzburg
Gesamtherstellung: Westermann Druck Zwickau GmbH
ISBN 978-3-401-06219-8

www.arena-verlag.de

ARENA BIBLIOTHEK DES WISSENS
LEBENDIGE BIOGRAPHIEN

ISBN 978-3-401-06180-1   ISBN 978-3-401-06214-3   ISBN 978-3-401-05940-2

Andreas Venzke
**Gutenberg und
das Geheimnis der
Schwarzen Kunst**

Luca Novelli
**Marie Curie und das
Rätsel der Atome**

Luca Novelli
**Leonardo da Vinci,
der Zeichner der
Zukunft**

Eine Auswahl weiterer lieferbarer Titel der Reihe Lebendige Biographien:

Luca Novelli
**Edison und die
Erfindung des Lichts**
ISBN 978-3-401-05587-9

Luca Novelli
**Darwin und die wahre
Geschichte der Dinosaurier**
ISBN 978-3-401-05742-2

Luca Novelli
**Einstein und die
Zeitmaschinen**
ISBN 978-3-401-05743-9

Andreas Venzke
**Luther und die Macht des
Wortes**
ISBN 978-3-401-06041-5

Luca Novelli
**Archimedes und der
Hebel der Welt**
ISBN 978-3-401-05744-6

Andreas Venzke
**Goethe und des
Pudels Kern**
ISBN 978-3-401-05994-5

Arena

Jeder Band:
Ab 11 Jahren.
Klappenbroschur.
www.arena-verlag.de

ARENA BIBLIOTHEK DES WISSENS

LEBENDIGE GESCHICHTE

ISBN 978-3-401-05583-1

ISBN 978-3-401-05979-2

ISBN 978-3-401-06216-7

Harald Parigger
**Sebastian und der
Wettlauf mit dem
Schwarzen Tod**
Die Pest überfällt Europa

Harald Parigger
**Caesar und die
Fäden der Macht**

Martin Zimmermann (Hrsg.)
**Weltgeschichte in
Geschichten**
Streifzüge von den Anfängen bis
zur Gegenwart

LEBENDIGE WISSENSCHAFT

Stephen Law
Philosophie – Abenteuer Denken

Wie entstand das Universum? Gibt es ein Leben nach dem
Tod? Existiert Gott? Was macht Dinge richtig oder falsch?
Und könnte es sein, dass unser Leben nur ein Traum ist?
Stephen Law diskutiert die großen Gedanken der Philoso-
phie in ganz alltäglichen Zusammenhängen. Ein Buch für
Nachwuchsphilosophen und Querdenker.

Nominiert für den Deutschen Jugendliteraturpreis 2003.

ISBN 978-3-401-06178-8

Jeder Band:
Ab 11 Jahren.
Klappenbroschur.
www.arena-verlag.de

ARENA BIBLIOTHEK DES WISSENS

AKTUELL

ISBN 978-3-401-06172-6

Gerd Schneider
Politik

ISBN 978-3-401-06220-4

Souad Mekhennet /
Michael Hanfeld
Islam

ISBN 978-3-401-06222-8

Gerd Schneider
Globalisierung

Bescheid wissen in der Welt von heute – mit der ARENA
BIBLIOTHEK DES WISSENS AKTUELL. Hochkompetente Autoren
führen kompakt und anschaulich in bedeutende Themen des
Zeitgeschehens ein – unverzichtbares Grundlagenwissen für
Schüler ebenso wie für Erwachsene.

Arena

Jeder Band:
Ab 11 Jahren.
Klappenbroschur.
www.arena-verlag.de

Martin Zimmermann (Hrsg.)

Allgemeinbildung
Weltgeschichte

Der Mensch betritt das 3. Jahrtausend. Seine Geschichte ist geprägt von sozialen, technischen und kulturellen Errungenschaften, aber auch von Krieg und Leid. Dieses Buch nimmt den Faden vor vielen Millionen Jahren auf, verfolgt ihn durch die frühen Hochkulturen und antiken Weltreiche, durchs Mittelalter in die Zeit der Entdeckungen. Kolonialismus und Imperialismus folgen einander, Weltkriege erschüttern die Erde, die Technologie katapultiert uns ins Zeitalter der Globalisierung. Es entsteht ein farbenprächtiges Bild einer jahrtausendelangen und spannenden Entwicklung – der Geschichte der Menschheit.

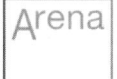

496 Seiten. Ab 12 Jahren.
Gebunden mit Schutzumschlag.
ISBN 978-3-401-06100-9
www.arena-verlag.de

Dieter Lamping / Simone Frieling

Allgemeinbildung
Werke der Weltliteratur

Herausragende Werke der europäischen, russischen und amerikanischen Literatur im Portrait: eine beispielhafte Sammlung berühmter Bücher, die man wirklich gelesen haben muss. Die illustrierten Werkportraits liefern kurze, lebendige Inhaltsangaben und viele Zusatzinformationen zu Entstehungs- und Wirkungsgeschichte, berühmten Zitaten und relevanten biografischen Daten der Autoren. Eine kompetente und anregende Orientierungshilfe in der schwer übersehbaren Fülle der Weltliteratur – und eine Einladung zum Weiterlesen!

Arena

352 Seiten. Ab 12 Jahren.
Gebunden mit Schutzumschlag.
ISBN 978-3-401-05950-1
www.arena-verlag.de

Martin Zimmermann (Hrsg.)

Allgemeinbildung
Naturwissenschaften

Unser Bedürfnis nach Information und Bildung ist so stark wie nie zuvor. Besonders im Bereich der Naturwissenschaften wird es in unserem hochspezialisierten, technologischen Zeitalter immer schwieriger sich zurechtzufinden. Dabei erforschen die Naturwissenschaften gerade die Dinge, die unser alltägliches Leben bestimmen. Wie spannend ist es doch zu erfahren, warum der Himmel blau ist und wie Ebbe und Flut entstehen. Was ist Licht und worin unterscheiden sich die verschiedenen Farben? Aber auch: Wie funktionieren ein Laser, die Kettenreaktion in einem Kernkraftwerk und vieles andere mehr? Dieses Buch beschäftigt sich ausführlich mit den Phänomenen der Natur, der Technik und dem Wunder des Lebens. Ein interessantes Leseabenteuer zu einem wichtigen Bereich der Allgemeinbildung.

Arena

104 Seiten. Ab 12 Jahren.
Gebunden mit Schutzumschlag.
ISBN 978-3-401-05571-8
www.arena-verlag.de